高职高专系列教材

AutoCAD 上机实验指导与实训

第2版

张玉琴　张绍忠　编

机械工业出版社

本书是在总结了多年来 CAD 教学实践经验的基础上编写而成的，突出了职业教育为工程实际培养应用型人才的教学特点，加强了内容的针对性、实用性和可读性，以适应不同设计人员在机械、电气、建筑等领域图样绘制能力培养的需求。

本书内容由上、下篇组成：上篇为上机实验指导，包括 AutoCAD 基本操作，基本绘图练习，编辑命令的操作和使用，图层、线型、颜色的设置与使用，绘制视图，绘制剖视图，尺寸标注，绘制轴的零件图，绘制电路图，绘制建筑图，绘制三维实体，综合练习共 12 个实验；下篇为实训，包括绘制零件图，绘制电路图，绘制千斤顶装配图，绘制钻模装配图，绘制机用虎钳装配图，绘制变电站施工图共 6 个实训内容。其中部分练习来自工程实际，编入了机械、电气、建筑等方面的题型。书中还收录了近年来图学技能证书（制图员和计算机绘图师）考试的部分题型。

本书的编写全面贯彻了《技术制图》、《机械制图》、《电气技术文件的编制》和《机械工程 CAD 制图规则》等最新国家标准，不受任何 AutoCAD版本的限制，可与任何 AutoCAD 版本教材配套使用。

本书可供高职高专院校、成人高等院校以及中等职业技术学校的师生作为 AutoCAD 教学的配套教材，也可作为工程技术人员自学 AutoCAD 的主要参考用书，还可用作制图员、计算机绘图师的考证练习及参考资料。

图书在版编目（CIP）数据

AutoCAD 上机实验指导与实训/张玉琴，张绍忠编．—2 版．—北京：机械工业出版社，2011.11（2025.1 重印）

高职高专系列教材

ISBN 978-7-111-36720-8

Ⅰ.①A…　Ⅱ.①张…②张…　Ⅲ.①AutoCAD 软件-高等职业教育-教材　Ⅳ.①TP391.72

中国版本图书馆 CIP 数据核字（2011）第 252466 号

机械工业出版社（北京市百万庄大街 22 号　邮政编码 100037）
策划编辑：王海峰　责任编辑：王海峰　王德艳　版式设计：张世琴
责任校对：卢惠英　封面设计：赵颖喆　责任印制：张　博
北京中科印刷有限公司印刷
2025 年 1 月第 2 版第 11 次印刷
184mm×260mm · 7.75 印张 · 189 千字
标准书号：ISBN 978-7-111-36720-8
定价：24.00 元

电话服务　网络服务
客服电话：010-88361066　机　工　官　网：www.cmpbook.com
010-88379833　机　工　官　博：weibo.com/cmp1952
010-68326294　金　书　网：www.golden-book.com
封底无防伪标均为盗版　机工教育服务网：www.cmpedu.com

第2版前言

AutoCAD 作为当今广为流行的优秀计算机辅助设计软件之一，已被越来越多的设计部门和人员所采用，成为目前工程技术人员不可或缺的、强有力的辅助设计与绘图工具。作为 AutoCAD 辅助教学的《AutoCAD 上机实验指导与实训》一书，自 2003 年出版以来已连续进行了 17 次印刷，得到了全国许多大专院校、成人高校、专业培训机构等 CAD 教学单位的认可，被广泛用作 CAD 教学与培训的必备教材，取得了理想的使用效果。为更好地发挥本教材在 CAD 教学中的作用，结合近年来对 CAD 教学提出的新要求，在认真总结本课程多年来教学实践经验的基础上，对原书进行了全面修订。本次修订仍主要以贯彻《技术制图》、《机械制图》、《电气技术用文件》等国家标准为主，强化了 AutoCAD 基本绘图命令的训练，增加了各类题型，同时还参照《机械工程 CAD 制图规则》对部分文字说明进行了修改。修订后本书的特点主要体现在：

1）秉承了第 1 版的编写思想和体系结构，注重贯彻最新国家标准和《机械工程 CAD 制图规则》。

2）书中实验指导与实训的内容及编排顺序，与“机械制图”和“计算机绘图”课程教学进程相一致。

3）本书的修订为突出其实用性，更加适合图学技能考证（制图员、计算机绘图师）和工程实际应用的需要，编入了近年来图学技能证书考试的部分题型以及来自工程实际的机械、电气、建筑等方面的题型，以适应不同行业、不同设计人员对不同专业图样绘制能力培养的需求。

4）本书强调除了要熟悉 AutoCAD 的基本命令和规则外，更重要的是通过反复练习，掌握绘图方法和绘图技巧。

5）本书不受 Auto CAD 版本的限制，可与任何 AutoCAD 版本教材配套使用。

由于计算机绘图是一门实践性很强的课程，因此，无论对于大学、高职高专、中职和成人院校的在校学生，还是有志掌握 AutoCAD 的其他人员，学习的基本内容、基本方法都是相同的，除了熟悉它的基本命令和规则之外，更重要的是通过反复练习，掌握绘图方法和绘图技巧。本书精心安排了机械图样、电气图样和建筑图样实训内容，供读者通过反复练习达到熟练掌握 AutoCAD 操作与应用的目的。

本书是在编者总结多年 CAD 教学实践活动经验的基础上编写而成的，可作为高职高专、成人高等院校和中等职业技术学校机械、电气、建筑各相关专业师生以及工程技术人员学习 CAD 的配套教材，还可用做制图员、计算机绘图师考证练习或参考资料。

由于编者水平有限，书中难免存在错误和不足之处，恳请广大读者批评指正。

编　者

第1版前言

十多年来，计算机辅助设计（简称CAD）以其所具有的效率高、速度快、精度高、易于修改、便于管理和交流的特点发展极为迅速。它已被广泛地应用于机械、建筑、电子、航天、交通、兵器、轻工、纺织、广告以及工业造型设计、图案设计等各行业。广为流行的软件AutoCAD，伴随着近年来整个PC基础工业的突飞猛进，正迅速而深刻地影响着人们从事设计和绘图的基本方式。已有越来越多的企业在应用与开发AutoCAD软件方面，取得了极为显著的成果。

根据教育部对高职高专制图教学的要求，必须使学生掌握一种绘图软件的应用与操作。本书在编写过程中，突出高职高专为生产一线培养技术型管理人才的教学特点，加强其针对性、实用性和可读性，以培养其在机械、电气、建筑等图样绘制方面的能力。

本书由两部分内容组成，第一部分为上机实验指导，包括AutoCAD基本操作，基本绘图练习，编辑命令的操作和使用，图层的设置和使用，绘制视图、剖视图，尺寸标注，绘制工程图，文字注释，图块的使用，三维实体的绘制，综合练习等12个实验，也可根据实际情况调整实验课时。第二部分为实训，给出了机械零件图和装配图、电气图、建筑施工图等内容，可根据实训课时的多少选择内容，进行练习。

本书特点如下：

1）注重贯彻新的国家标准《技术制图》、《机械制图》、《电气制图》。

2）根据“机械制图”和“计算机绘图”教学的进程，安排实训内容及实验指导。

3）为了适应我国加入WTO后，各行各业对应用型技术人才的需求，本书精心安排了机械图样、电气图样和建筑图样实训内容，通过实训达到熟练掌握AutoCAD的应用及操作的目的。

4）本教材不受AutoCAD版本的限制，可与任何相应的AutoCAD版本教材配套。

本教材适用于高职、高专院校以及成人高等院校机械、电气、建筑各相近专业和中等职业技术学校的师生，也适用于工程技术人员和制图员使用或参考。

参加编写工作的有：张玉琴、张绍忠、张丽荣。主审：董国耀。

限于编者水平，书中难免存在缺点，恳请读者批评指正。

编　者

目　录

上篇　上机实验指导

在计算机绘图中，绘制任何图形的方法和步骤都不是唯一的，本上机实验指导中的实验方法与步骤，只是其中的一种，并不一定最为方便、快捷。希望读者能独立思考，创造性地学习和应用，从而发现更为方便、快捷的方法，逐步提高设计效率。

实验一　AutoCAD 基本操作

一、实验目的

1）练习 AutoCAD 系统的启动和退出。

2）全面了解 AutoCAD 系统的界面和菜单结构及使用方法。

3）掌握改变作图窗口的颜色和十字光标大小的方法。

4）练习 AutoCAD 命令和数据的输入方法。

5）建立符合国家标准的样本图纸，其规格见附录中的附图 1 ~ 附图 3。

二、实验内容

1）设置绘图环境，确定绘图界限。

2）绘制图幅、边框线和标题栏（A4 图纸）。

3）绘制实验一中的例图 1、例图 2 中的图形，选绘例图 3 或例图 4 中的图形。例图 1 中的图4）和例图 2 中的图1）用相对极坐标法输入，例图 1 中的图4）与 X 轴正方向成30°角（不要求标注尺寸）。

三、实验要求

学生要按实验步骤详细写出上机操作过程（包括所用命令和数据）。注意工具栏的移动、打开和关闭的方法；掌握设置作图窗口的颜色和十字光标大小的方法。注意练习“图形界限（LIMITS）”、“直线（LINE）”、“圆（CIRCLE）”、“圆弧（ARC）”、“擦除（ERASE）”和“重画（REDRAW）”等命令的使用方法；练习绝对坐标、相对坐标、相对极坐标和直接距离等输入方法的使用。注意各命令中各选项的使用条件。命令调入的形式：①从相应菜单中选取；②从相应工具栏中单击相应图标；③从命令行中直接输入命令名。

四、实验步骤

（1）运行 AutoCAD　开机后，左键双击“AutoCAD”快捷图标，或单击“开始”按钮在程序菜单中单击“AutoCAD”相应版本，运行 AutoCAD。

（2）建新图　在弹出的对话框中（有四种方式：“Use a Wizard”，使用向导开始新图；“Use a Template”，使用样板开始新图；“Start from Scratch”，使用默认设置直接进入开始新图；“Open a Drwing”，打开已有图形文件），单击“Start from Scratch”按钮，在“Select Default”列表框中单击“Metric”选项（米制单位），单击“OK”按钮，进入绘图环境。

（3）设置绘图界限　单击菜单“格式”中“绘图界限”选项，或在命令行输入“LIMITS”，在命令行提示中输入左下角点和右上角点的坐标值（X，Y）或选用默认值。

（4）绘制图幅线、边框线和标题栏

1）调用“直线”（LINE）命令。可从命令行输入“L”或单击绘图工具栏中的直线图标，在命令行的提示中输入图幅各点坐标（可用绝对坐标X，Y；相对坐标输入@X，Y；或打开正交（F8），移动光标方向，采用直接距离输入法，输入距离数值）。绘图时，使用的输入方法不一定要相同，可根据自己的使用情况来选择。例如，画A4图幅线，使用绝对坐标法输入：

当出现“命令（Command）”时，输入“L”，回车；

在“指定第一点（From point）”提示符下输入“0，0”，回车；

在“下一点（To point）”提示符下输入“210，0”，回车；

在“下一点（To point）”提示符下输入“210，297”，回车；

在“下一点（To point）”提示符下输入“0，297”，回车；

在“下一点（To point）”提示符下输入“C”，回车。

2）调用“多义线（PLINE）”命令。输入起点“（X，Y）”，设线宽“W”（参阅实验四中的补充内容），如上方法，画出边框线和标题栏的外框，再用“直线（LINE）”命令画标题栏内其他线（图纸幅面和标题栏的尺寸见附图1和附图2）。

（5）存盘　单击“文件（FILE）”下拉菜单，单击“另存为”选项，系统弹出“图形另存为（Save Drawing As）”对话框，打开文件类型下拉列表，选择“（*.dwt）”模板文件，在文件名栏中输入：“A4-1”文件名，单击“保存”按钮，返回到图形。

（6）按实验内容要求进行绘图　如例图1所示。

1）单击“绘图”工具栏中的绘直线图标，打开正交（F8），在绘图区合适位置确定起点（单击鼠标左键），用相对坐标法（@X，Y）或采用直接距离输入法（用光标给出方向，输入距离“L”）至第三点，并输入“C（闭合）”，完成矩形。

2）单击“绘图”工具栏中的绘圆图标，在合适位置确定圆心，单击鼠标左键，在命令行的提示行中直接输入半径值，完成圆图形。

3）单击“绘图”工具栏中的绘圆弧图标或选“绘图”菜单→“圆弧”→“起点、终点、半径”选项，在屏幕上给出圆弧的起点、终点，在提示行输入半径值，完成圆弧图形。

4）调用直线命令，输入起点，用相对极坐标法（@L<角度）输入其他点，完成例图1中的图4）。

5）绘图中如果画错，可用“删除”（ERASE）命令或单击“修改”工具栏中的橡皮图标进行删除。使用方法：先选命令，后选目标，用鼠标右键进行删除；或先选目标，后选命令直接删除。

（7）赋名存盘　操作同实验步骤（5）。在文件类型下拉列表中选择“（*.dwg）”图形文件，单击“保存”按钮。

（8）退出AutoCAD　单击绘图屏标题栏右上角“×”关闭按钮；或单击“文件”菜单→“退出”选项，或在命令行输入：“QUIT　（EXIT）”。

例图 1

1）

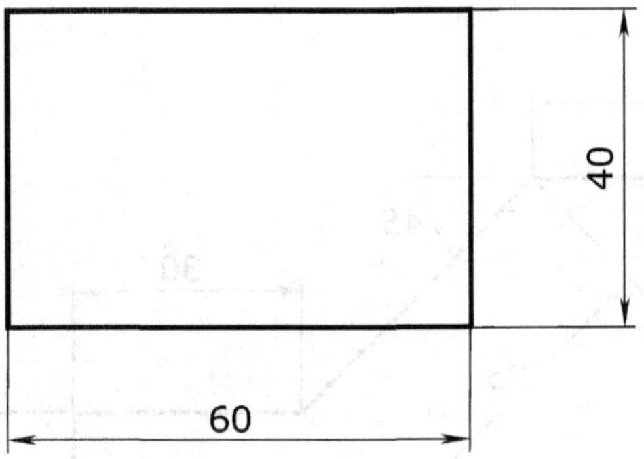

2）

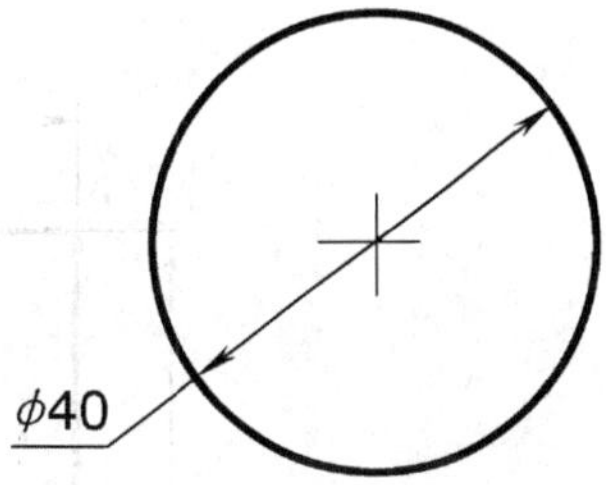

3）

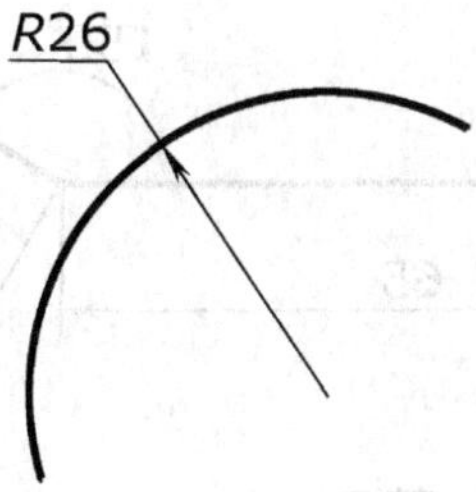

4）

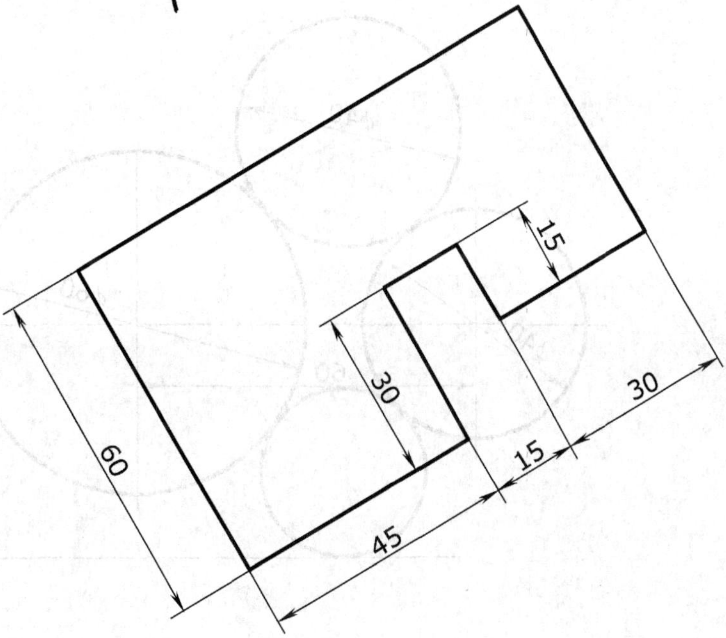

例图 2

1）

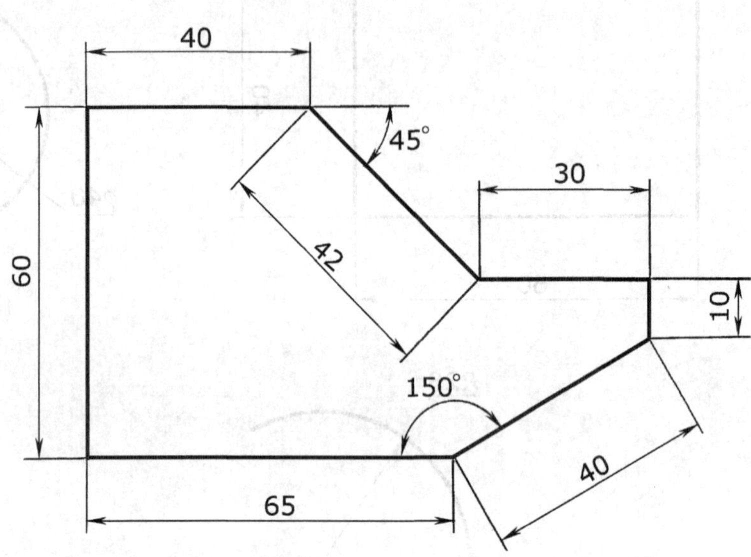

2）

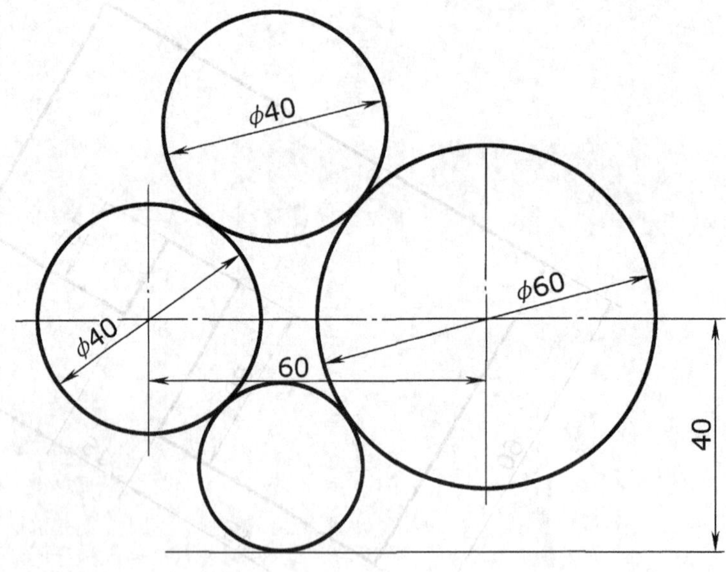

例图 3

1）

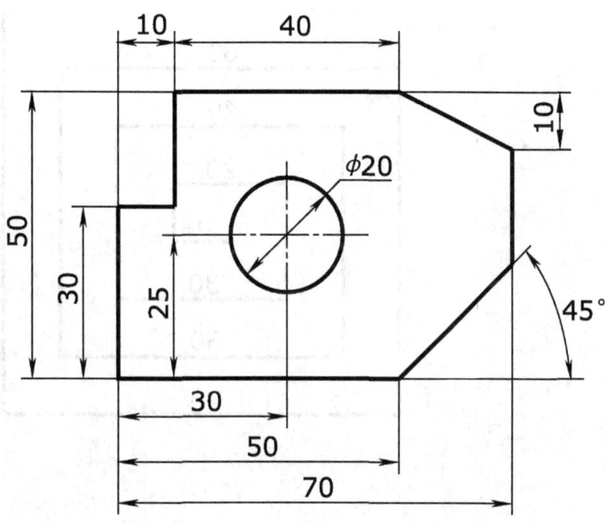

10
40
10
φ20
50
30
25
45°
30
50
70

2）

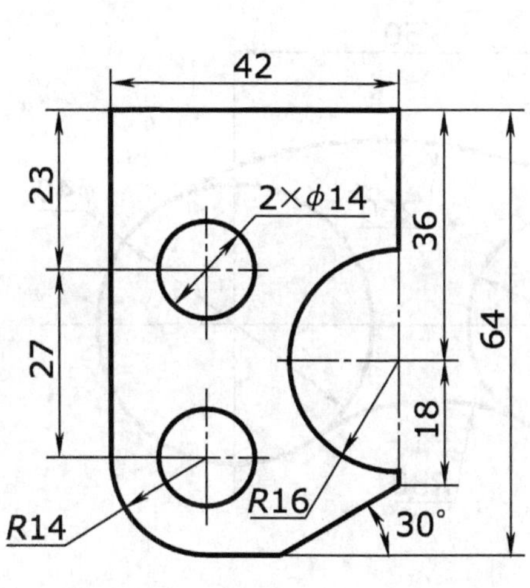

42
23
2×φ14
36
64
27
18
R14
R16
30°

3）

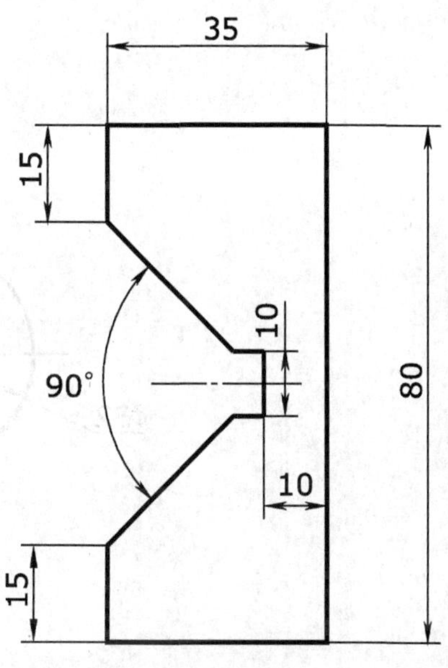

35
15
10
90°
80
10
15

例图 4

1）

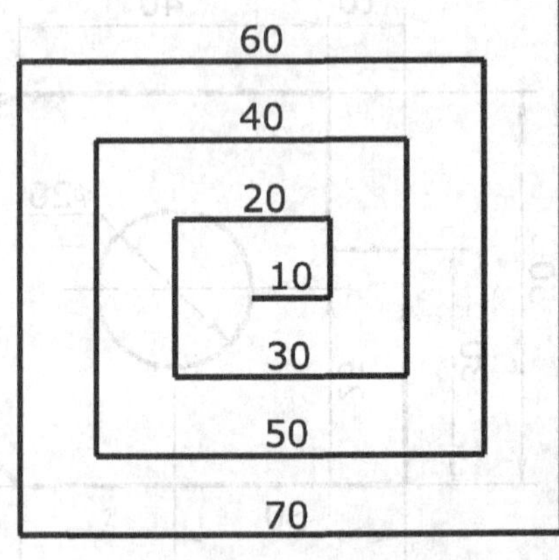

2）

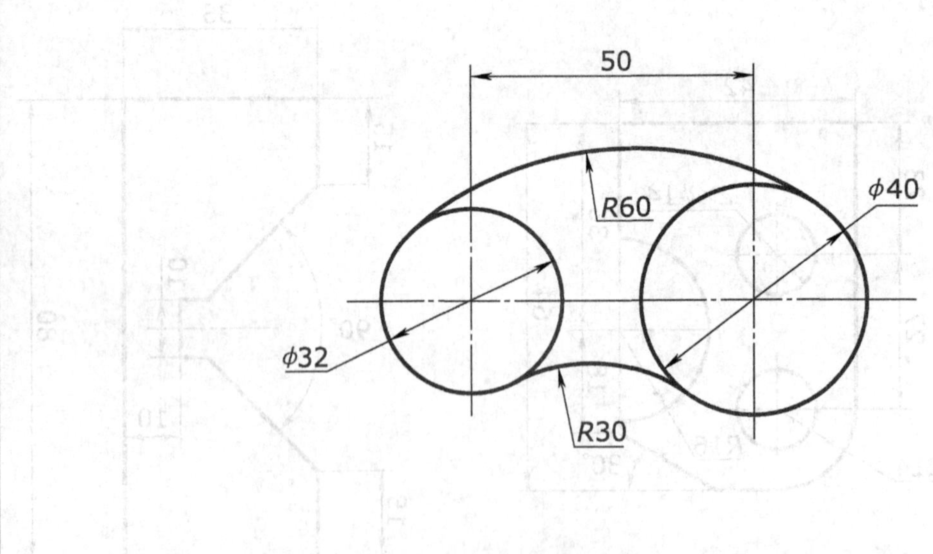

实验二　基本绘图练习

一、实验目的

1）练习绘图辅助工具："正交（ORTHO）"、"栅格（GRID）"、"捕捉（SNAP）"、"极轴"、"目标追踪"和"精确绘图"、"目标捕捉"等命令的操作方法。

2）练习绘图命令："直线（LINE）"、"圆（CIRCLE）"、"圆弧（ARC）"、"圆环（DONUT）"、"多义线（PLINE）"、"矩形（RECTANG）"、"正多边形（POLYGON）"和"椭圆（ELLIPSEO）"等命令的使用方法。

3）练习"修剪（TRIM）"和"断开（BREAK）"命令的使用方法，注意两个命令的区别。

二、实验内容

绘制实验二例图 1 和例图 2 的图形，选绘例图 3、例图 4 和例图 5 的图形。

三、实验要求

1）例图 1 中的图 1）和图 4），要保证椭圆和圆的圆心在四边形的中心上（利用"对象捕捉"命令绘制）。

2）例图 1 中的图 2），要使直线与圆相切。

四、作图提示

1）例图 1 中的图 3），先绘三边形，再用"对象捕捉"命令画其他图线。

2）例图 1 中的图 4），画图步骤如下：

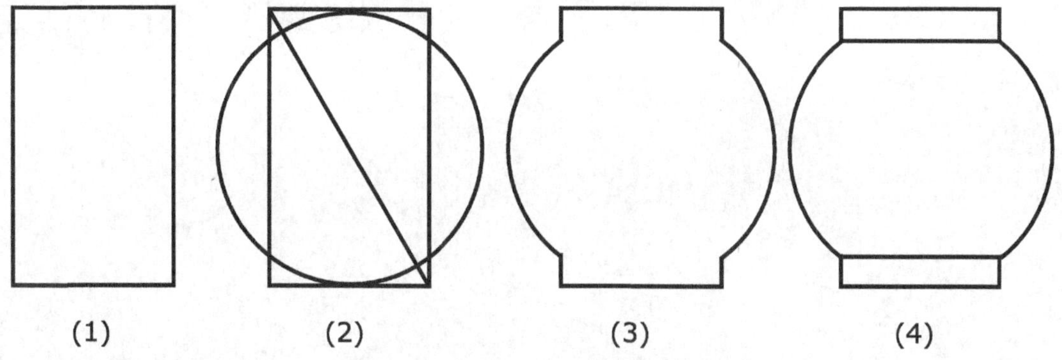

3）例图 1 中的图 5），图形外框用多段线绘制直线和圆弧。

五、实验步骤

（1）进入 AutoCAD，选模板文件"A4-1"。

（2）绘制实验二的内容，绘制例图 1 中图 1）。

1）调用"矩形（RECTANG）"命令（单击绘图工具栏中的矩形图标或采用其他输入命令的方法），画矩形（利用相对坐标法输入左下角点、右上角点坐标）。

2）调用“直线（LINE）命令”，打开状态栏的“对象捕捉”选项，单击右键选设置，在对话框中设置需要的捕捉方式，单击“确定”按钮。利用中点捕捉画两条中线。

3）调用“椭圆（ELLIPSEO）”命令（单击绘图工具栏的椭圆图标或用其他方法），选“中点为椭圆心（CENTER）”的方式，捕捉两中线的交点为椭圆心，给出长半径和短半径，完成作图（注意：先给出的半径的方向将决定椭圆的方向）。

（3）绘制例图1中的图2）图形

1）调用“圆（CIRCLE）命令”，画圆；重复圆的命令（直接回车或单击圆命令的图标），捕捉圆心，画同心圆；重复圆的命令，画另一圆。

2）调用“直线”命令，打开捕捉工具，选择“切点捕捉”选项，捕捉圆的切点，确定切线的第一点，捕捉另一圆同一侧的切点，完成切线的绘制；用同样方法绘制另一切线，完成图2）。

（4）绘制例图1中的图3）图形　见本练习作图提示。

（5）绘制例图1中的图4）图形　见本练习作图提示。

（6）调用“多义线（PLINE）”命令，画例图1中的图5）外框，利用其选项“直线（L）”/“圆弧（ARC）”的转换，画直线和圆弧；再调用“椭圆”、“正多边形（POLYGON）”、“圆”、“圆环（DONUT）”、“直线”命令，画图框中的其他图形（图中平行四边形，调用“直线”命令，利用对应边相等的关系，采用直接距离输入法确定两对应边的边长，完成全图。正多边形输入命令后，给出边数，确定“圆心C”或“选边E”，如果选圆心，则选“内接正多边形I”/“外切正多边形C”，确定圆的半径。“圆环”命令只能从菜单或命令行输入，其后提示输入圆环的内径，再提示输入外径，确定圆环的圆心）。

（7）图形绘制完成后赋名存盘，退出AutoCAD。

例图 1

1）

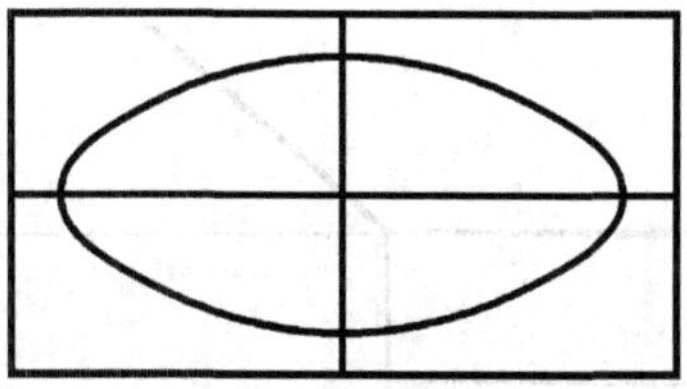

2）

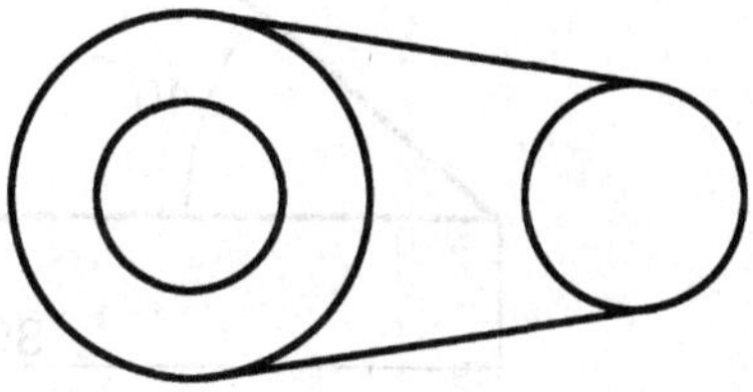

3）

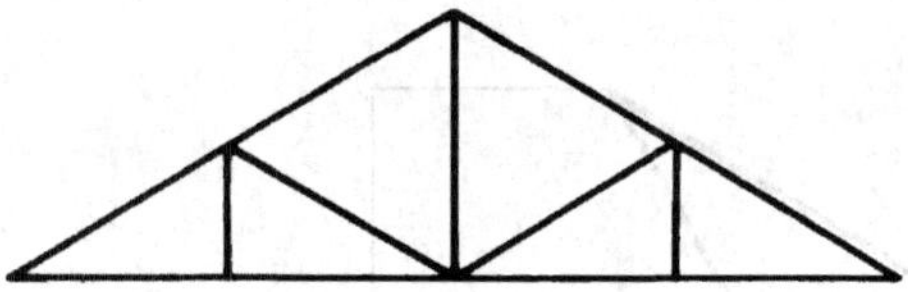

4）

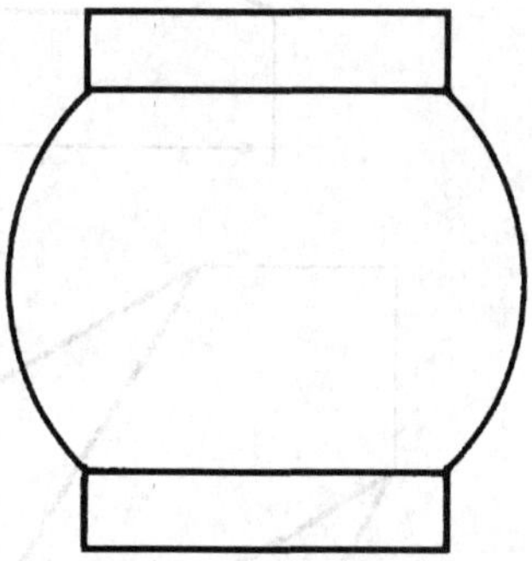

5）

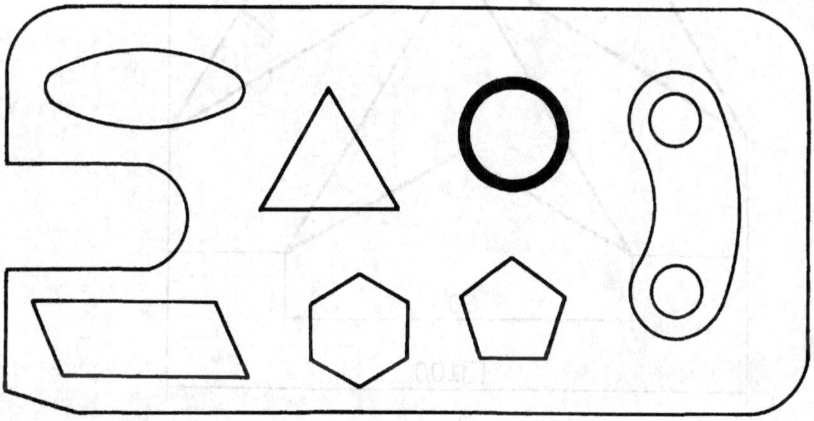

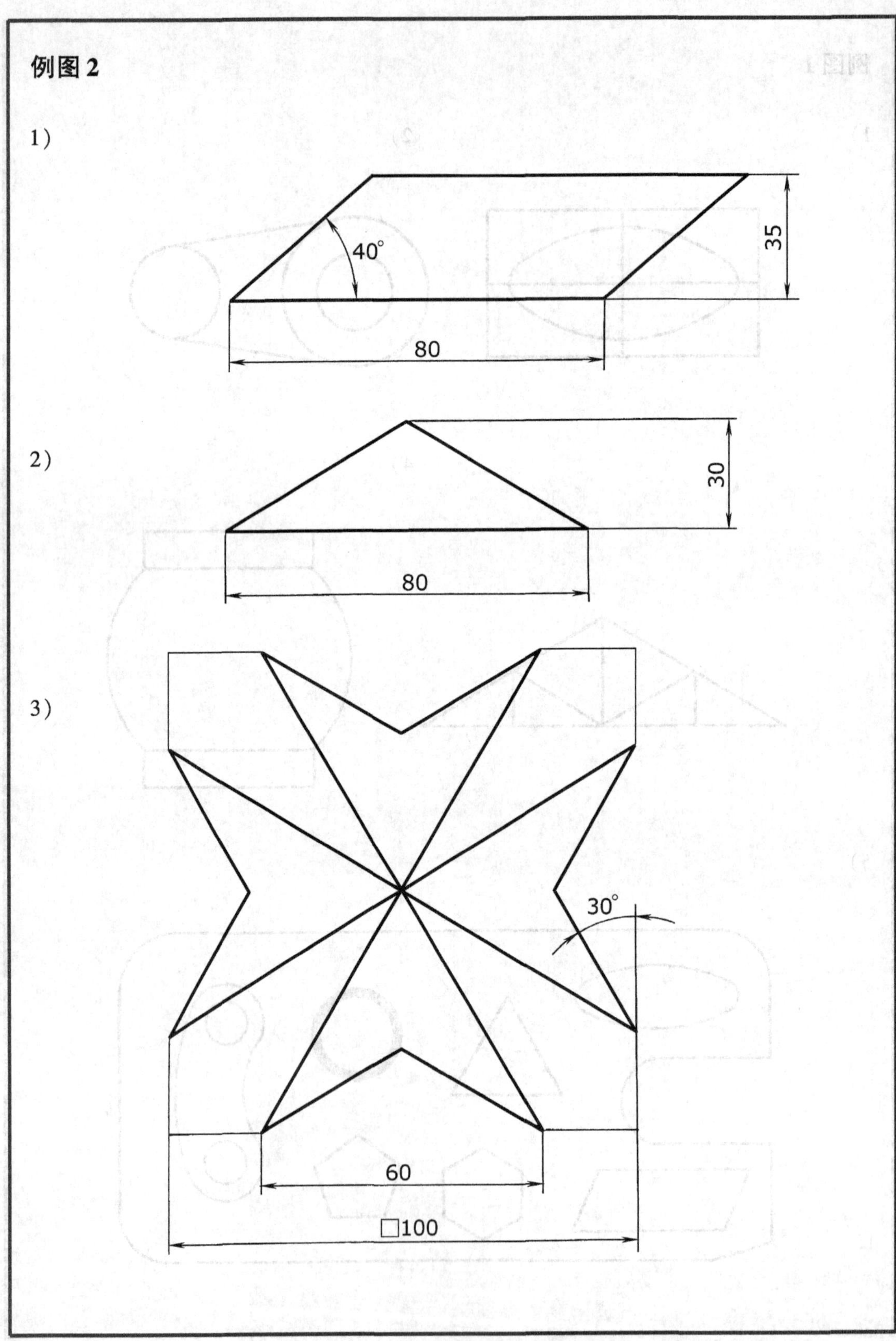
例图 2
1）
40°
35
80
2）
30
80
3）
30°
60
□100

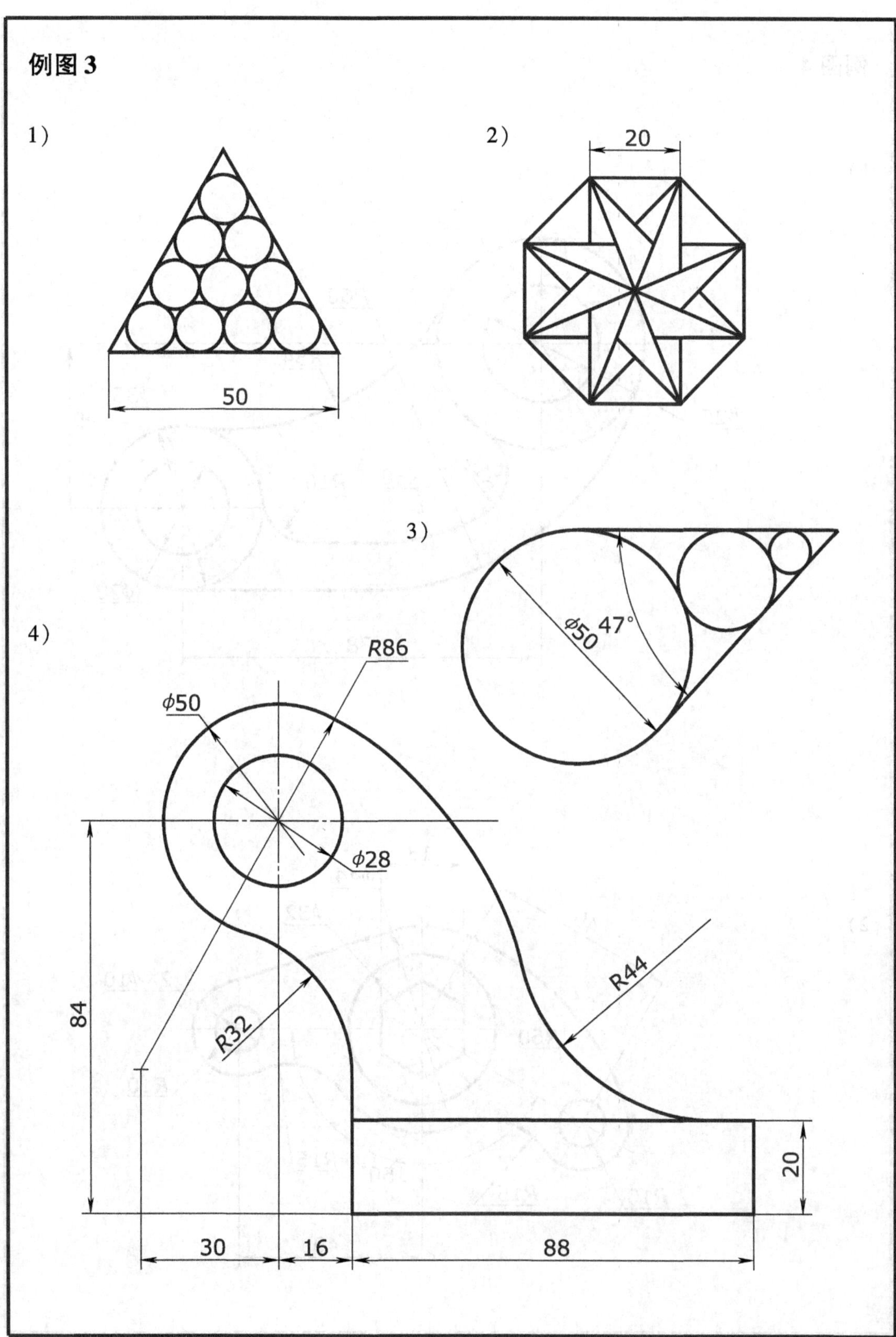
例图 3
1）
50
2）
20
3）
ϕ50
47°
4）
R86
ϕ50
ϕ28
R44
R32
84
20
30
16
88

例图 4

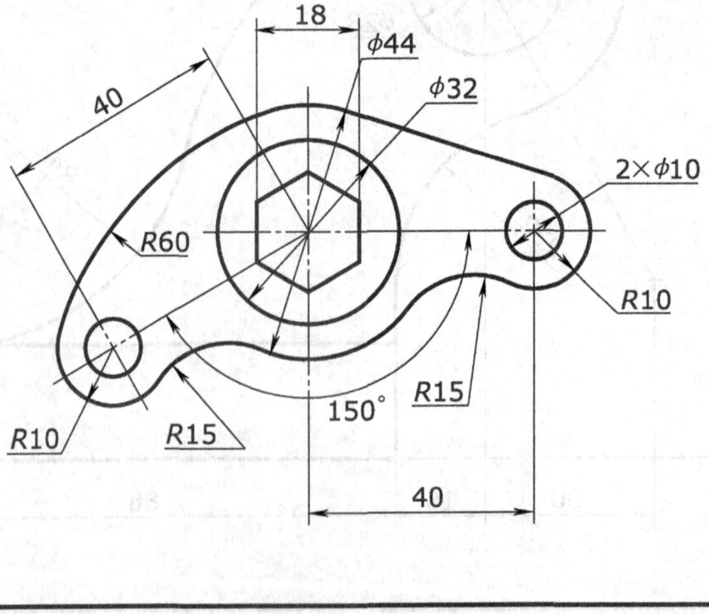

1）

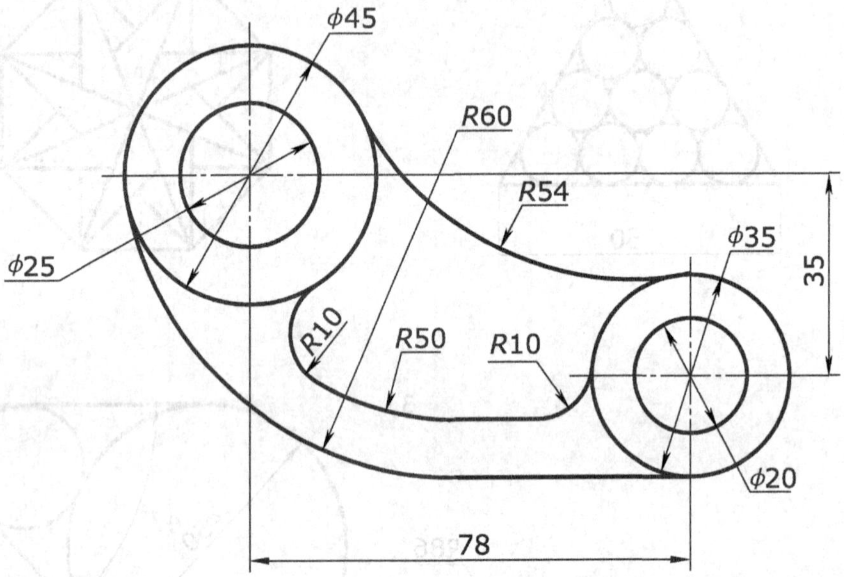

2）

例图 5

1）

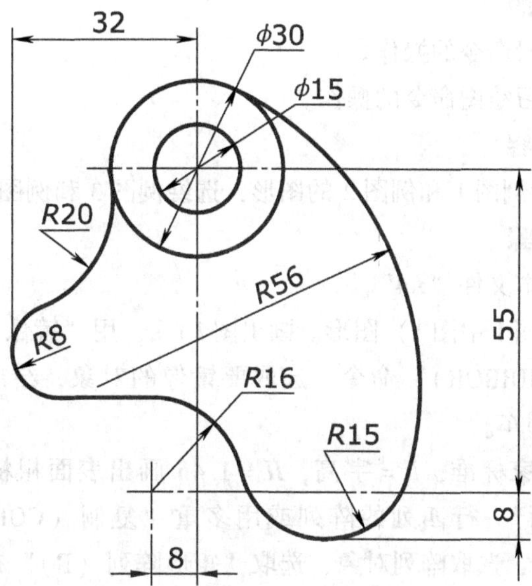
32
ϕ30
ϕ15
R20
R56
R8
R16
R15
55
8
8

2）

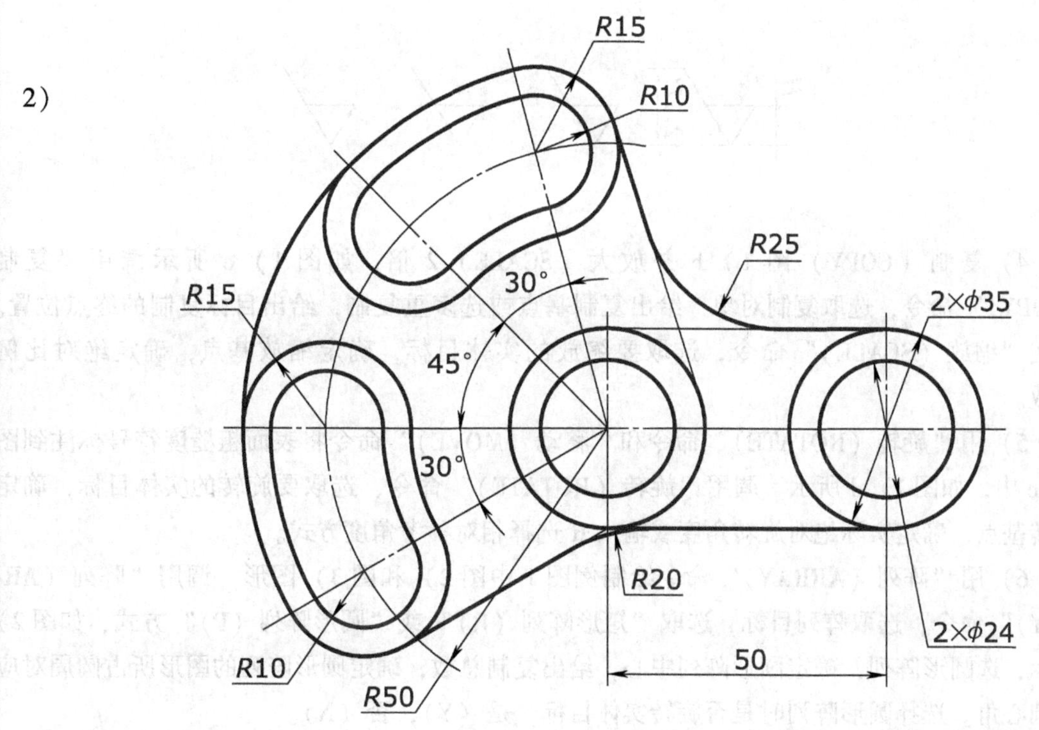
R15
R10
R25
30°
R15
2×ϕ35
45°
30°
R20
2×ϕ24
50
R10
R50

实验三　编辑命令的操作和使用

一、实验目的

1）练习编辑命令的操作。

2）继续练习绘图命令的操作。

二、实验内容

绘制本实验例图 1 和例图 2 的图形，选绘例图 3 和例图 4 的图形。

三、实验步骤

1）打开样本文件“A4”。

2）绘制例图 1 中图 1）图形。画出图 1）a，用“镜像（MIRROR）”命令画出图 1）b。调用“镜像（MIRROR）”命令，选取要镜像的对象，给出镜像轴线（两点），保留原图（默认选项），回车。

3）按照国家标准，h = 字高，$H = 1.4h$ 画出表面粗糙度符号，然后用“阵列（ARRAY）”命令进行一行四列的阵列或用多重“复制（COPY）”进行复制。调用“阵列”（ARRAY）命令，选取阵列对象，选取“矩形阵列（R）”或“圆形阵列（P）”，给出行数和列数，给出行距和列距（注：正值时，向上、向右；负值时，向下、向左）。

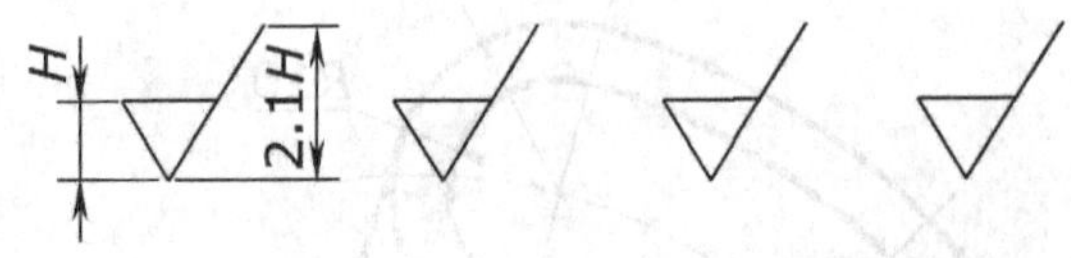

4）复制（COPY）图 1）b 并放大（SCALE）2 倍，如图 1）c 所示调用“复制（COPY）”命令，选取复制对象，给出复制基点或选多重复制，给出目标复制的终点位置。调用“缩放（SCALE）”命令，选取要缩放的实体目标，确定缩放基点，确定绝对比例系数。

5）用“旋转（ROTATE）”命令和“移动（MOVE）”命令将表面粗糙度符号标注到图 1）c 中，如图 1）d 所示。调用“旋转（ROTATE）”命令，选取要旋转的实体目标，确定旋转基点，确定实际绝对旋转角度或输入 R 选择相对参考角度方式。

6）用“阵列（ARRAY）”命令绘制例图 1 中图 2）和图 3）图形　调用“阵列（ARRAY）”命令，选取阵列目标，选取“矩形阵列（R）”或“圆形阵列（P）”方式，如图 2）所示，选圆形阵列，确定圆形阵列中心，给出复制总数，确定圆形阵列的图形所占圆周对应的圆心角。选择圆形阵列时是否旋转实体目标，是（Y），否（N）。

7）绘制例图 1 中图 4）和图 5）图形。

图 4）作图提示：

① 画正方形 *abcd*，起点 *a*，*ab* 长 50mm。画 *R*50mm 的弧$\overset{\frown}{bd}$，如例图 4）a 所示。画直线 *ab* 的垂线，起点为 *ab* 的中点，长为 25mm，再用 *R*25mm 的弧连接到 *c* 点。最后用“偏移（OFFSET）”命令画小弧和直线，如图 4）b 所示。

② 镜像$\overset{\frown}{bd}$弧和两条直线与弧连接的多段线，镜像线为对角线 *bd*，如图 4）c 所示。

③ 把图 4）c 图形修剪为图 4）d 图形后，进行圆形阵列，阵列中心为 *b* 点，阵列数为 4，如图 4）e 所示。

图 5）作图提示：

① 画线段 *AB*，长为 68mm。分别以线段两端点 *A*、*B* 为圆心、以 16mm 为半径画圆 *A* 和 *B*，如图 5）a 所示。

② 用“TTR”方式画 *R*98mm 的圆，与 *A*、*B* 两圆相内切。用“修剪命令”或“断开”命令删除大弧，如图 5）b 所示（注意：断开点用捕捉方式）。

③ 画直线，起点捕捉 *R*98mm 弧的中点 *C*，*CD* = 70mm，*DE* = 24mm，*EF* = 6mm，*FG* = 16mm，如图 5）c 所示。

④ 以 *F* 点为中心，*G* 点为起点，用“起点、圆心、圆心角（角度为 -90°）”方式画弧 *GE*，如图 5）c 所示。

⑤ 用“TTR”方式画 *R*16mm 的圆，与圆弧 *G* 和圆 *A* 相外切，如图 5）d 所示。

⑥ 用“修剪”命令修剪圆和弧，用“镜像”命令画出右边的直线和弧，如图 5）e 所示。

⑦ 最后用“修剪”命令剪去多余的弧，完成全图，如图 5）f 所示；再用“移动”命令把图移到适当位置。

8）用“移动”命令和“比例缩放”命令布置全图。

9）图形绘制完成后，赋名存盘 可利用同样的方法绘制例图 2 的图形。

10）退出 AutoCAD。

例图 1

1)

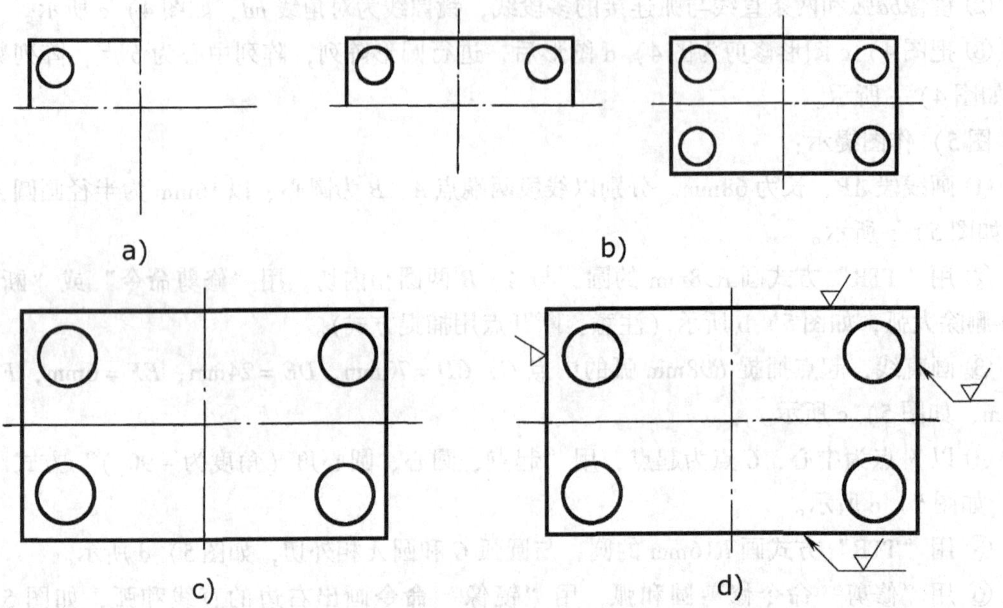

a)

b)

c)

d)

2)

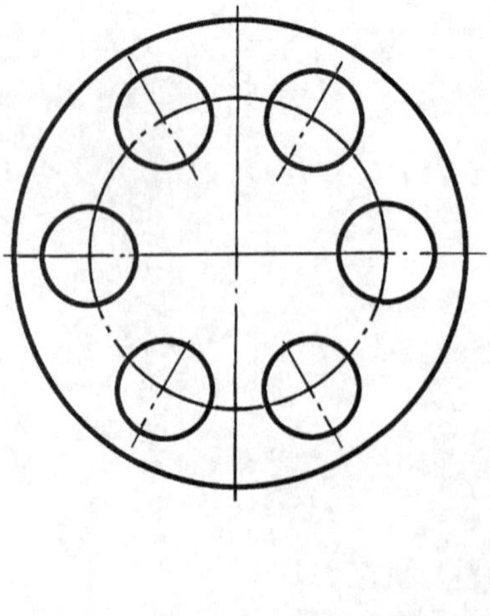

3)

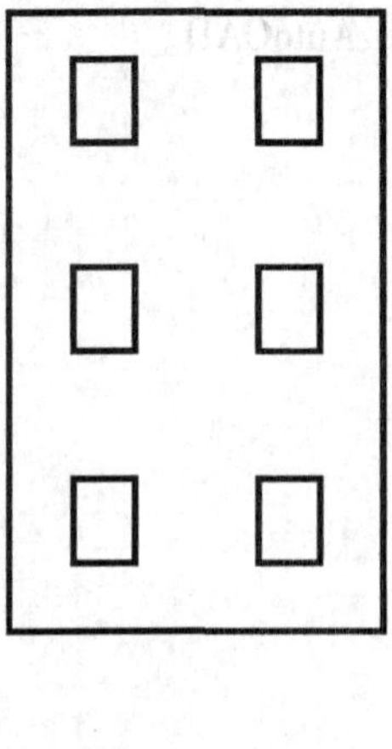

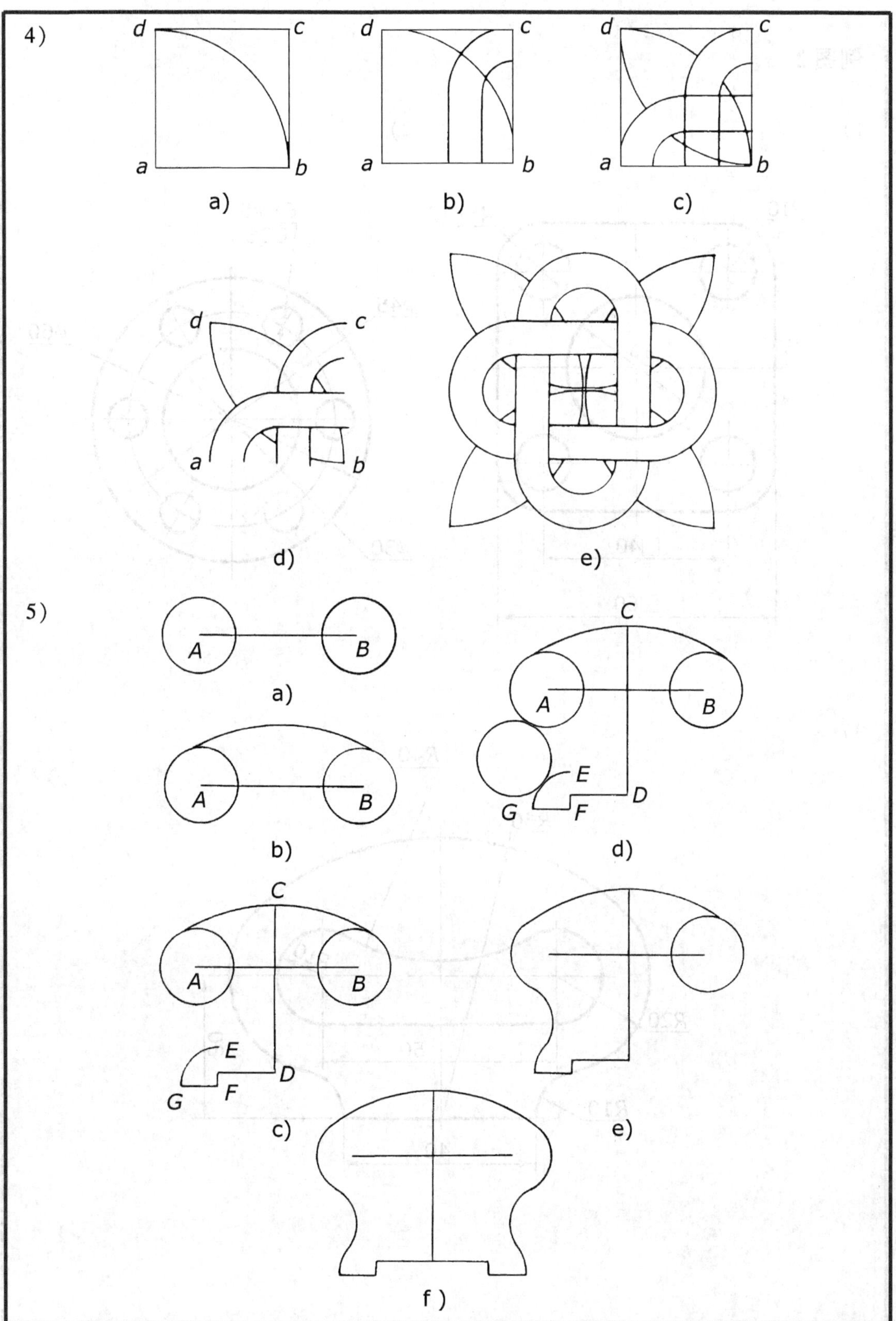
4)
d
c
a
b
a)
d
c
a
b
b)
d
c
a
b
c)
d
c
a
b
d)
e)
5)
A
B
a)
A
B
b)
C
A
B
E
G
F
D
d)
C
A
B
E
D
G
F
c)
e)
f)

例图 2

1）

2）

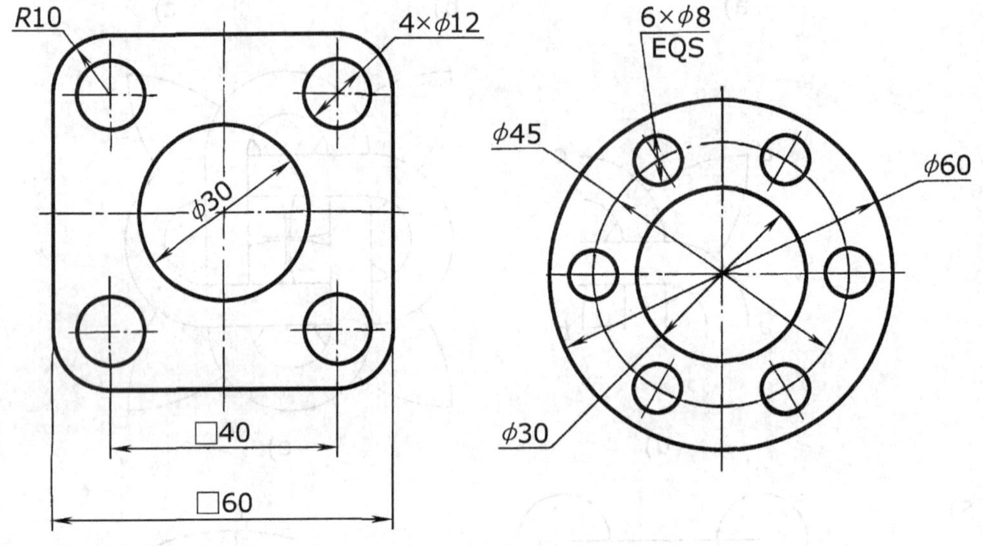

3）

R40
R60
R10
R20
50
30
R10
40

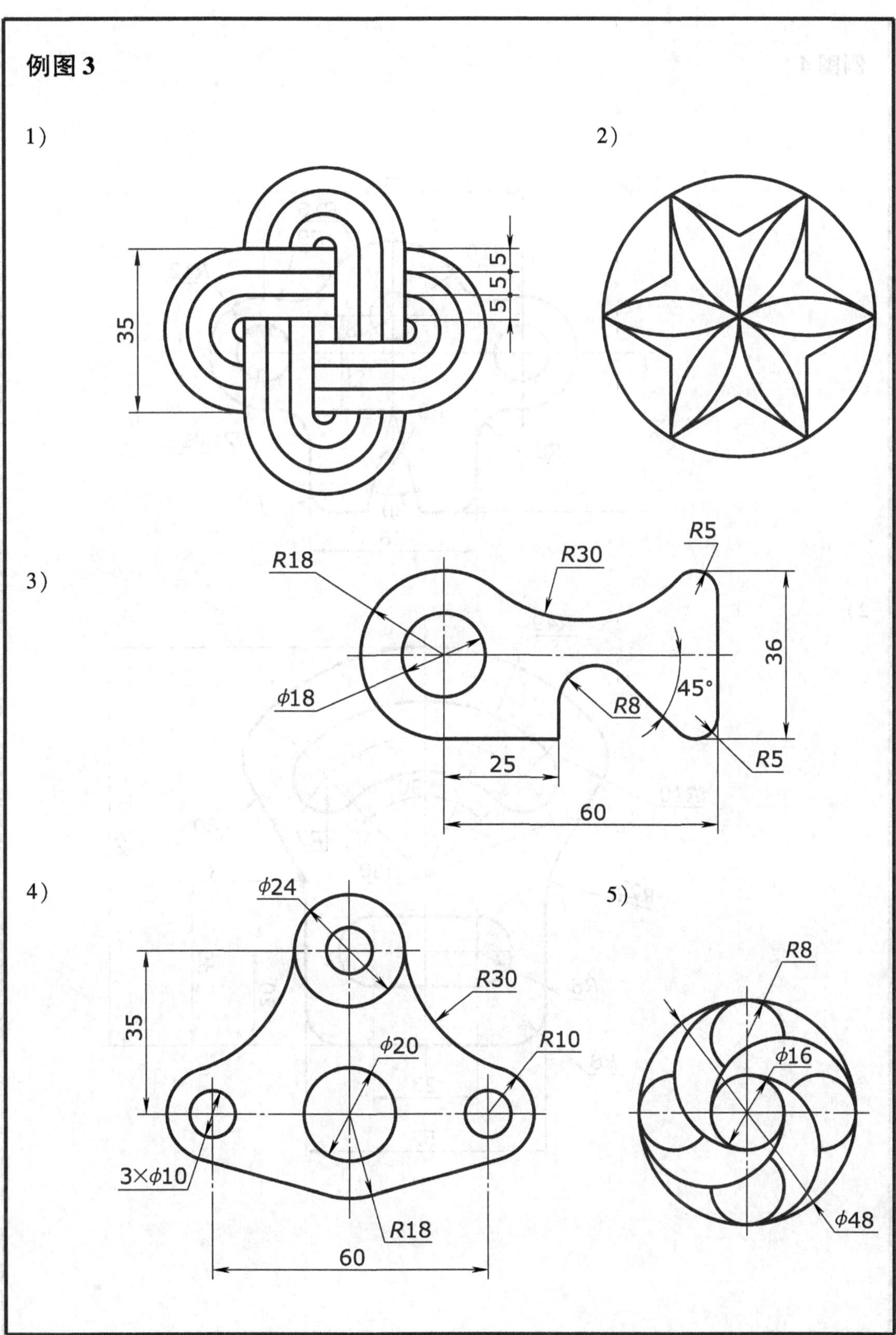
例图 3
1)
2)
35
5
5
5
3)
R18
R30
R5
36
ϕ18
45°
R8
R5
25
60
4)
ϕ24
35
R30
ϕ20
R10
3×ϕ10
R18
60
5)
R8
ϕ16
ϕ48

例图 4

1）

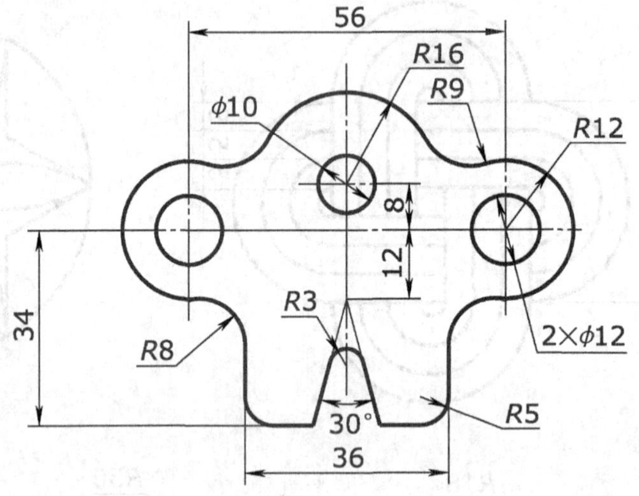
56
R16
R9
φ10
R12
8
12
34
R3
R8
2×φ12
30°
R5
36

2）

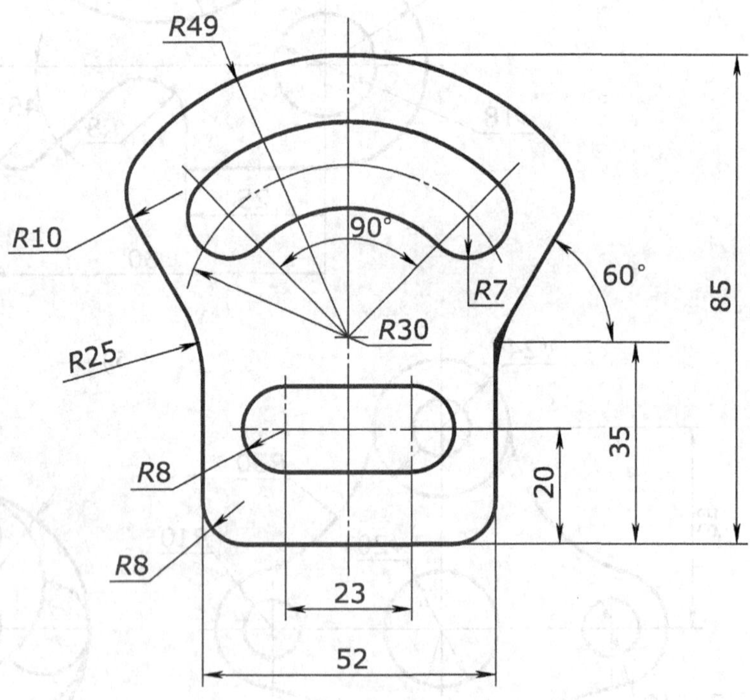
R49
R10
90°
60°
R7
85
R30
R25
35
20
R8
R8
23
52

实验四　图层、线型、颜色的设置与使用

一、实验目的

1）学习图层的建立，设置当前层及线型的装入，颜色、层名的设定。

2）继续练习绘图命令和编辑命令的操作方法。

3）练习“对象捕捉”命令及“透明命令”的使用。

4）练习“自动捕捉（OSNAP）”、“极轴”、“对象追踪”等命令的设定及应用。

二、实验内容

抄绘齿轮和圆盘的视图，选画其他例图。

三、实验步骤

（1）打开样本文件“A4”，设置绘图环境，建立符合标准的系列图层。

1）从“格式”菜单（或“特性”工具栏）中单击“图层”选项，系统弹出“图层”对话框（系统默认为0图层）。

2）创建新图层。在“图层”对话框中单击“新建”按钮，将自动生成“图层1”及其各项特性。输入新的图层名，取代图层1，即可创建一个新图层。

3）为新图层设置颜色。单击图层颜色图标，系统弹出“选择颜色”对话框。

4）在该对话框的标准颜色或全色调色板中单击一种颜色。在对话框的底部显示颜色方块和该颜色的说明。单击“确定”按钮。

5）单击新图层的“线型”按钮，系统弹出“选择线型”对话框。如果对话框中没有需要的线型，应单击“加载（LOAD）…”按钮，在“Select Linetype”对话框中选择所需线型，然后单击“确定（OK）”按钮。

6）在“选择线型”对话框中单击所选线型，然后单击“确定（OK）”按钮。

7）设置线宽，单击样线，打开线宽下拉列表，选择合适的线宽。

8）依次设置所有需要的图层。设置完成后，关闭“图层与线型特性”对话框。

（2）在“特性”工具栏中的“图层”下拉列表中选择“当前层”，在当前层上操作。

（3）抄绘齿轮视图（不注写尺寸）。

1）选中心线层、布图、定位。

2）选粗实线层，用“偏移（OFFSET）”命令确定轮廓的尺寸，用“圆（CIRCLE）”命令画粗实线圆，用“直线（LINE）”命令，打开对象捕捉绘制视图，用“修剪（TRIM）”命令修剪视图，删除辅助线。

3）选虚线层，绘制主视图中的虚线。

4）完成全图。

（4）赋名存盘。

（5）退出AutoCAD。

可用相同的步骤，绘制其他例图中的视图。

补充：《机械工程CAD　制图规则》GB/T 14665—1998

1. 常用图层一般设置

线型	颜色	线型	颜色
粗实线	绿色	虚线	黄色
细实线	白色	细点画线	红色
波浪线	白色	粗点画线	棕色
双折线	白色	双点画线	粉红色

2. 常用的线宽（一般优先采用第四组）

组别	1	2	3	4	5	一般用途
线宽/mm	2.0	1.4	1.0	0.7	0.5	粗实线、粗点画线
	1.0	0.7	0.5	0.35	0.25	细实线、波浪线、双折线、虚线、细点画线、细双点画线

3. 字号和图幅之间的关系

图　幅	A0	A1	A2	A3	A4
汉字、字母与数字的高度 h/mm	5		3.5		

例图 1

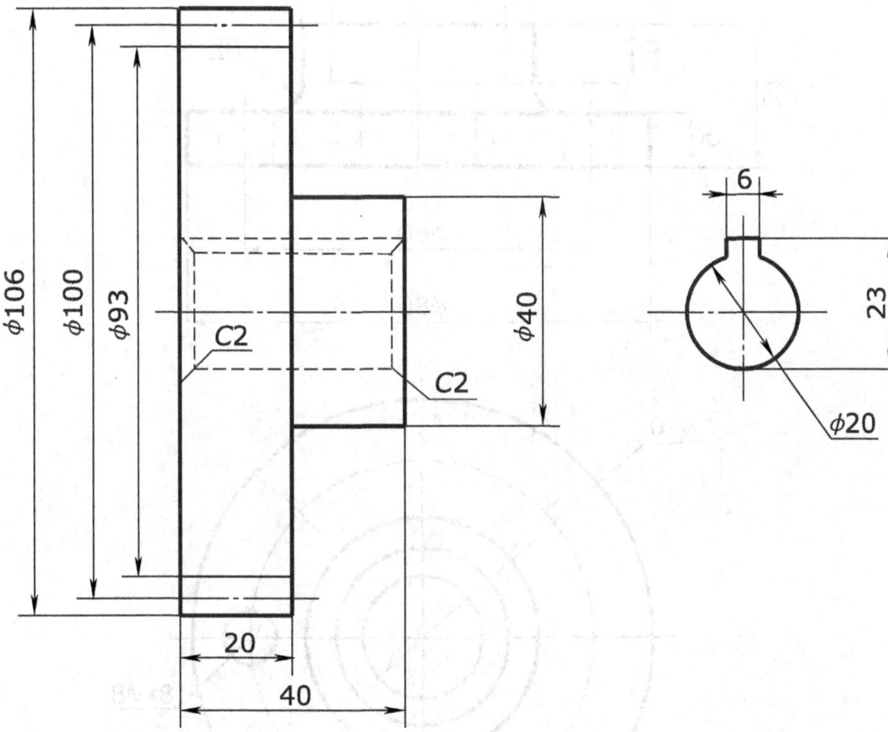

φ106
φ100
φ93
C2
C2
φ40
6
23
φ20
20
40

						45	
标记	处数	分区	更改文件号	签名	年 月 日		齿轮
设计			标准化			阶段标记 重量 比例	
						1:1	
审核							
工艺			批准			共 张 第 张	

例图 2

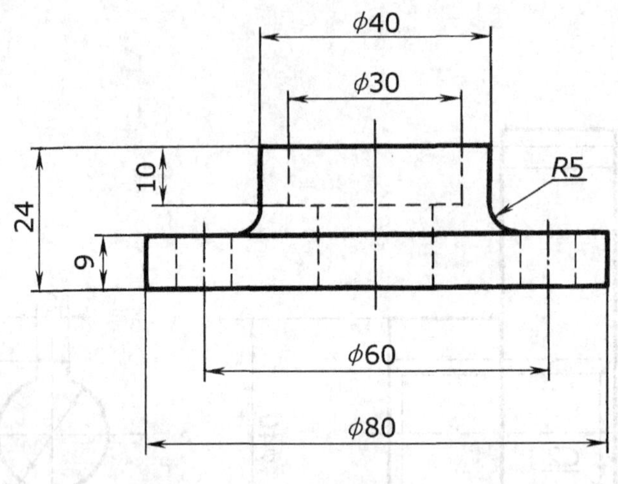

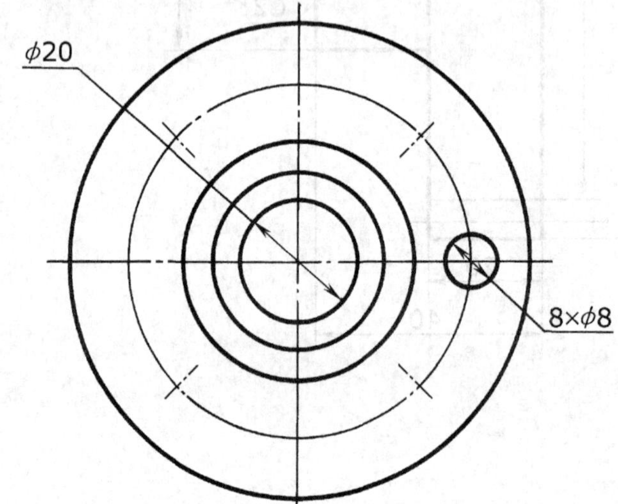

						HT150		
标记	处数	分区	更改文件号	签名	年 月 日			圆盘
设计	（签名）	（年月日）	标准化	（签名）	（年月日）	阶段标记	重量	比例
								1:1
审核								
工艺			批准			共 张 第 张		

例图 3

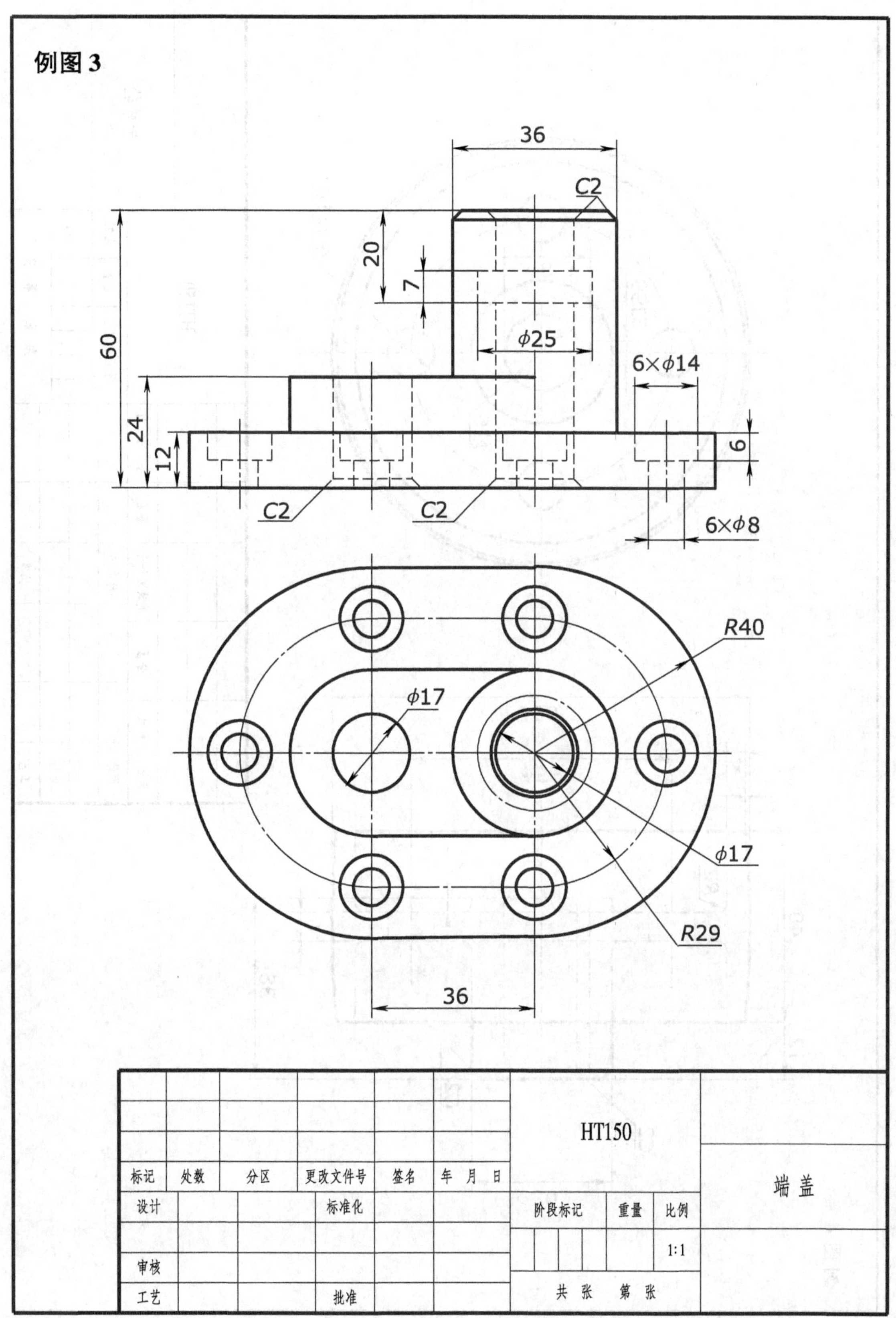

36
C2
20
7
60
ϕ25
6×ϕ14
24
12
6
C2
C2
6×ϕ8
R40
ϕ17
ϕ17
R29
36
HT150
标记
处数
分区
更改文件号
签名
年 月 日
设计
标准化
阶段标记
重量
比例
1:1
审核
工艺
批准
共 张 第 张
端盖

例图 4

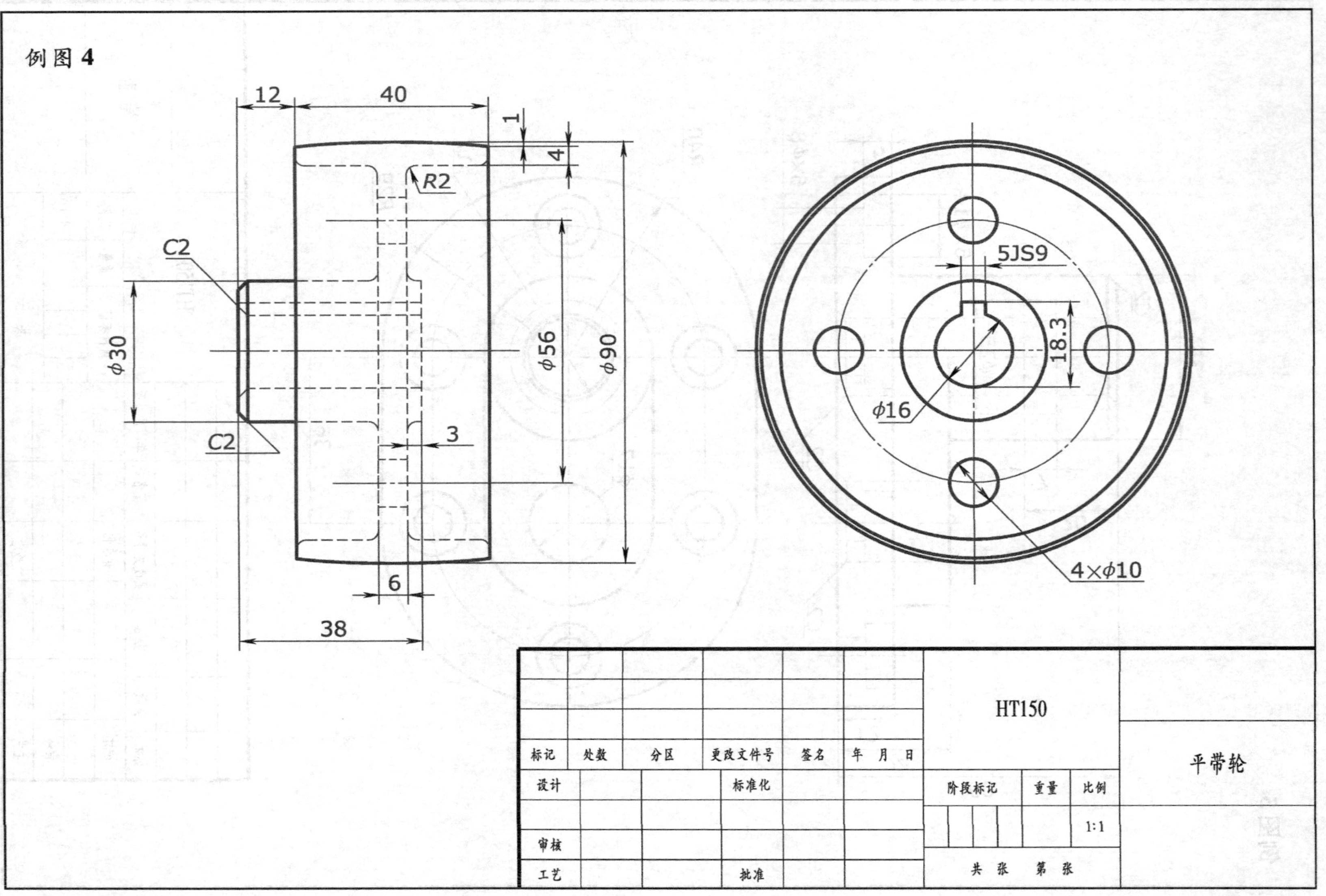

12
40
1
4
R2
C2
φ30
φ56
φ90
3
C2
6
38
5JS9
18.3
φ16
4×φ10
HT150
平带轮
标记 处数 分区 更改文件号 签名 年 月 日
设计 标准化
审核
工艺 批准
阶段标记 重量 比例
1:1
共 张 第 张

实验五　绘 制 视 图

一、实验目的

1）练习图层的建立，设置当前层及线型的装入，线型、颜色的设定。

2）继续练习绘图命令和编辑命令的操作方法。

3）练习“对象捕捉”、“极轴”和“对象追踪”等命令的设置及使用方法。

二、实验内容

绘制例图 1、例图 2 和例图 3 中的视图，选绘其余例图中的视图（不标注尺寸）。

三、实验步骤

（1）设置绘图环境

1）设置图纸幅面“A3（297 ×420）”。

2）设置单位的精度为“0（DDUNITS）”。

3）设置对象捕捉、极轴追踪和对象追踪。

4）设置图层、颜色、线型及线型的装入，设置线宽。

5）画图纸幅面、边框线。

6）存成模板文件“（*.dwt）”。

（2）画例图 1 中的视图

1）把 A3 图纸分隔成四等份。

2）用窗口放大，把 1）区放大。

3）选点画线层为当前层，用点画线布图、定位。

4）选粗实线层，用“偏移”命令按尺寸确定图形轮廓。

5）用“直线”和“圆”的命令，打开对象捕捉绘制图形，删除多余的辅助线。

6）选虚线层，绘制图形中的虚线。

7）依次绘制其他图形。

（3）图形绘制完成后，赋名存盘。可用同样步骤绘制例图 2 和例图 3 视图。选绘例图 4、例图 5 视图。

（4）退出 AutoCAD。

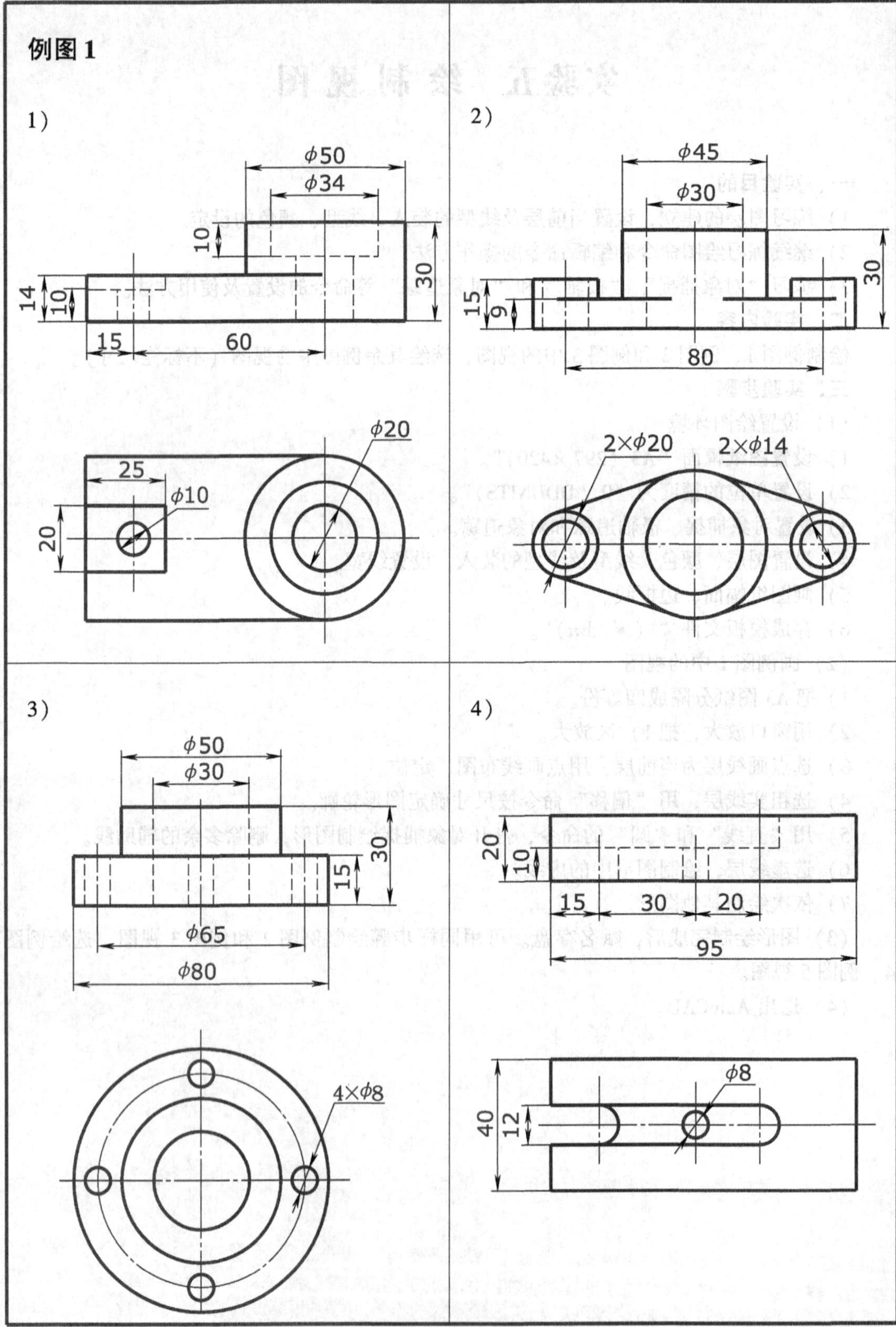
例图 1
1)
ϕ50
ϕ34
10
30
14
10
15
60
ϕ20
25
ϕ10
20
2)
ϕ45
ϕ30
30
15
9
80
2×ϕ20
2×ϕ14
3)
ϕ50
ϕ30
30
15
ϕ65
ϕ80
4×ϕ8
4)
20
10
15
30
20
95
ϕ8
40
12

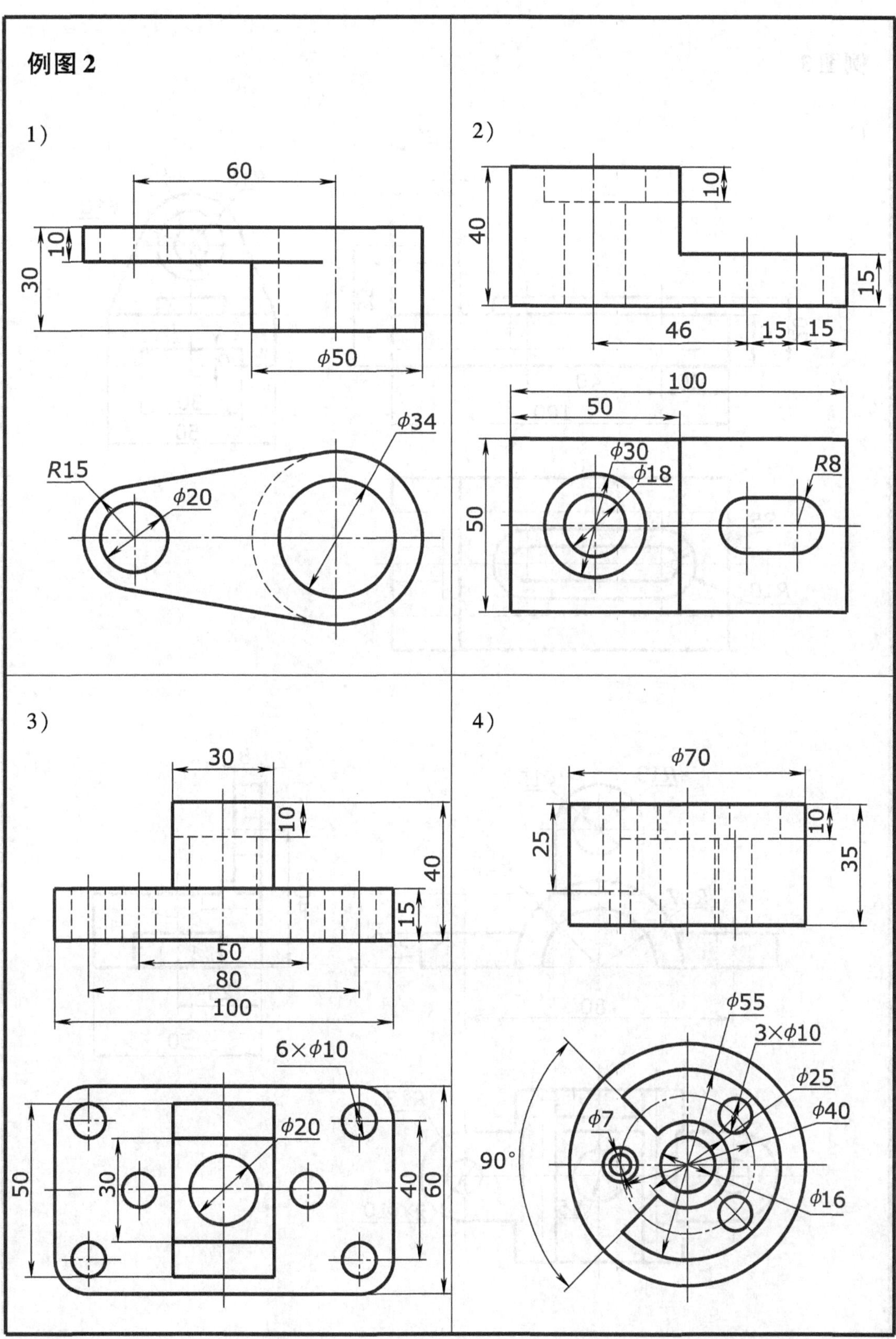
例图 2
1）
60
10
30
ϕ50
ϕ34
R15
ϕ20
2）
10
40
15
46
15
15
100
50
ϕ30
ϕ18
R8
50
3）
30
10
40
15
50
80
100
6×ϕ10
ϕ20
50
30
40
60
4）
ϕ70
25
10
35
ϕ55
3×ϕ10
ϕ25
ϕ40
ϕ7
90°
ϕ16

例图 3

1）

20
5
35
20
15
20
40
100
R15
φ20
φ10
5
30
50
R5
R10

2）

R13
φ15
R25
R17
21
10
80
8
40
25
50
R13
φ15
2×φ10

例图 4

1）

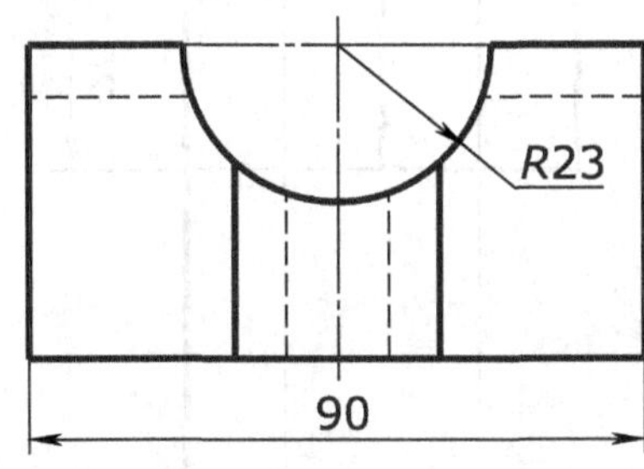

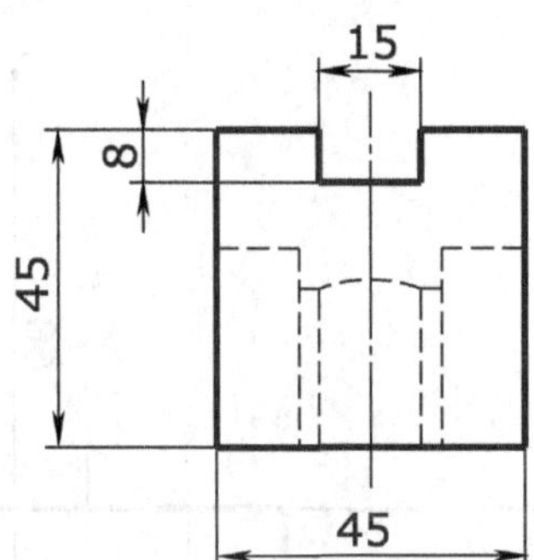

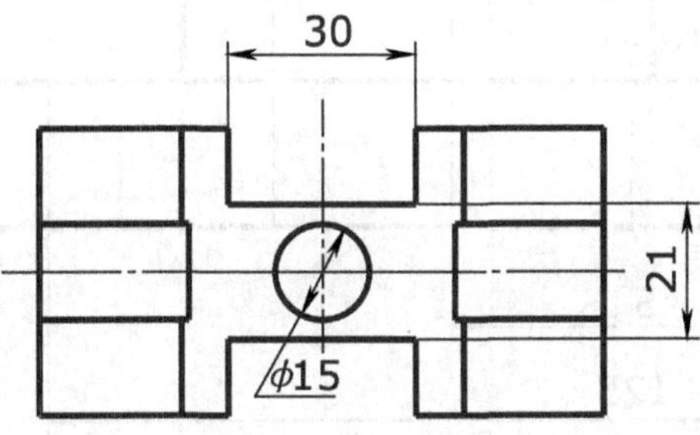

2）

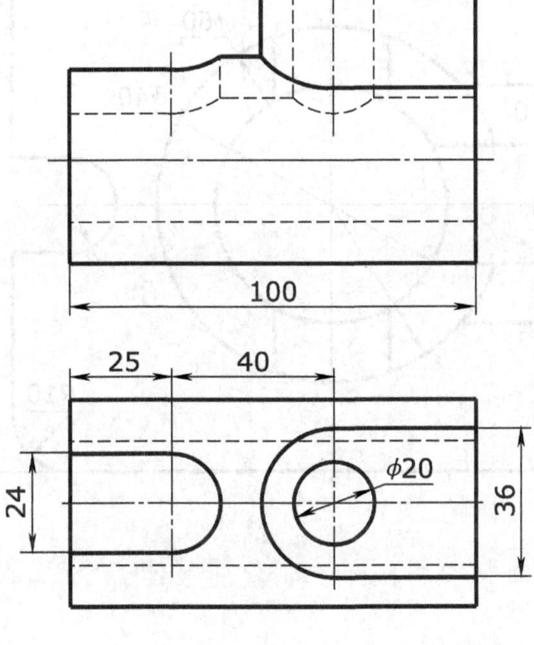

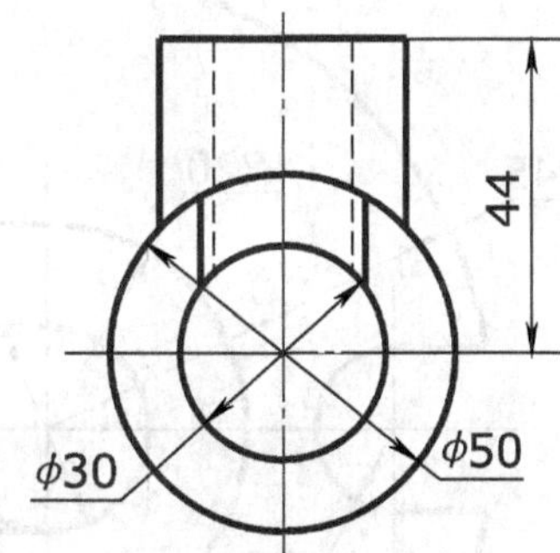

例图 5

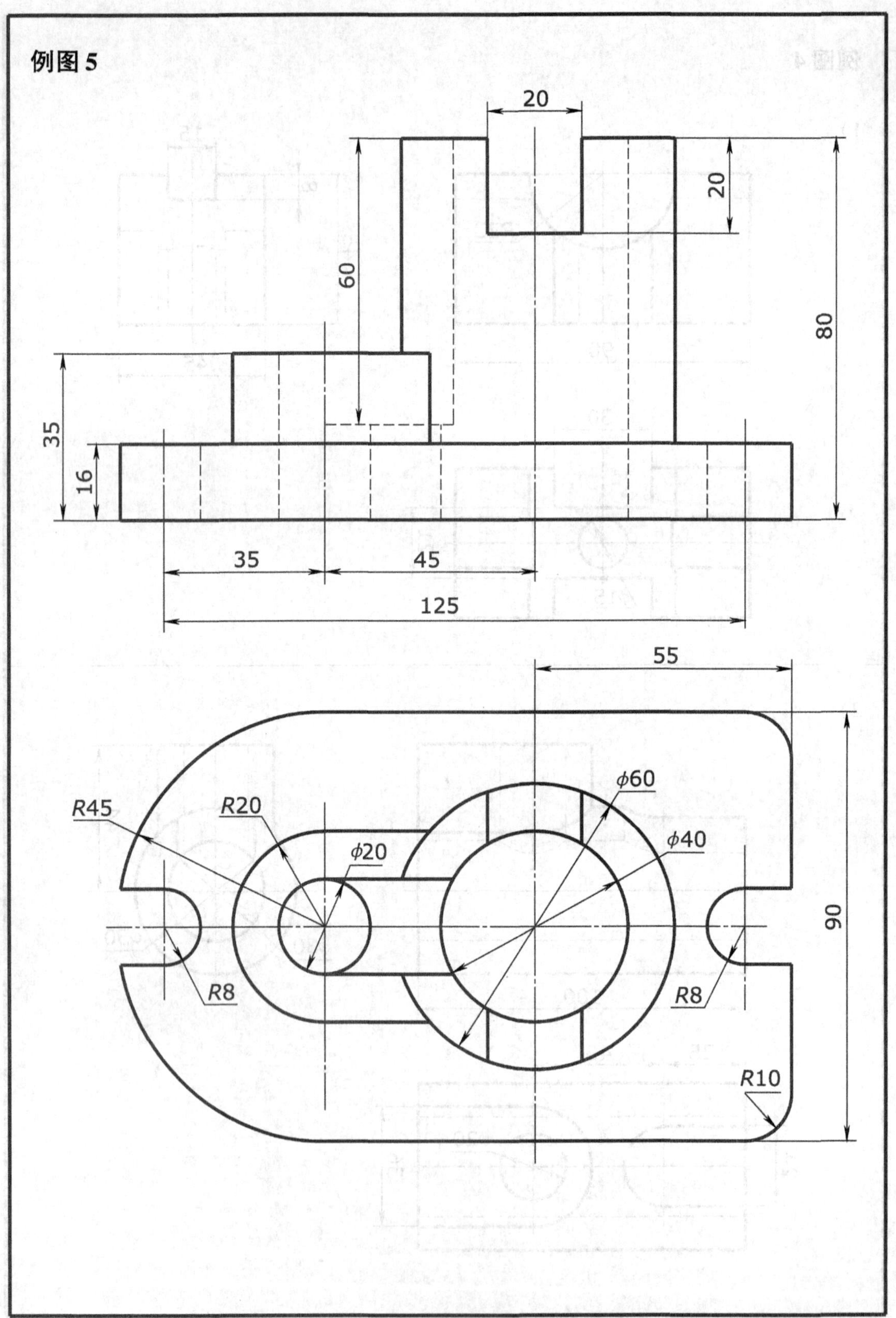

实验六　绘制剖视图

一、实验目的

1）学习“填充（BHATCH）”命令的使用方法。

2）进一步练习三视图的画法。

二、实验内容

1）将实验五的三个例图中的主视图改画成剖视图，见实验六的例图2、例图3和例图4。其余例图选画。

2）绘制三视图，见实验六的例图1。

三、实验步骤

（1）打开实验五所存视图，将主视图改画成剖视图

1）将主视图改画成剖视图，将细虚线改画成粗实线。

2）从“绘图”菜单中选择“图案填充”选项或单击“绘图”工具栏中的图案填充图标，系统弹出“边界图案填充（Boundary Hatch）”对话框。

3）单击“图案（Pattern）…”按钮，系统弹出“图案预定义（Hatch Pattern Palettr）”对话框，单击所需图样（注意：要符合国家标准规定）。

4）确定“图案特性（Pattern Properties）”，选择“比例”及“角度”，单击“OK”按钮。

5）边界选择（Boundary）。选一种方式（一般选拾取内点），单击“OK”按钮，选择图中的封闭区域（注意：若区域不封闭则不执行），回车，返回对话框。

6）单击“进行”按钮。

（2）完成图样后，赋名存盘。

（3）打开“A4. dwt”，绘制例图1中组合体三视图，方法同前。

例图 1

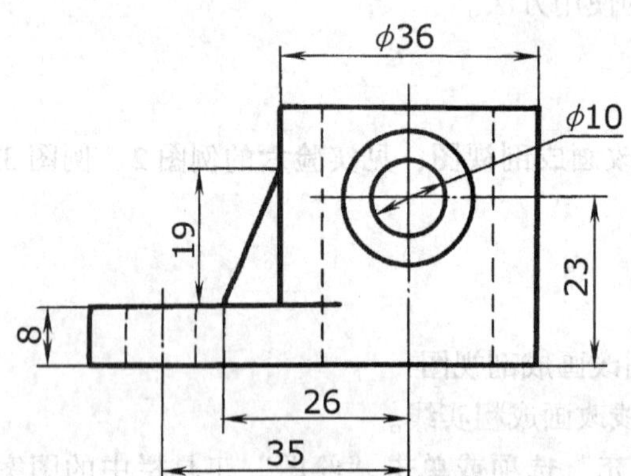

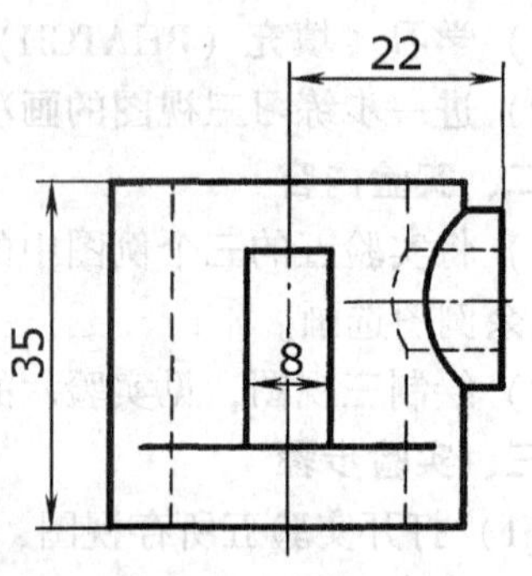

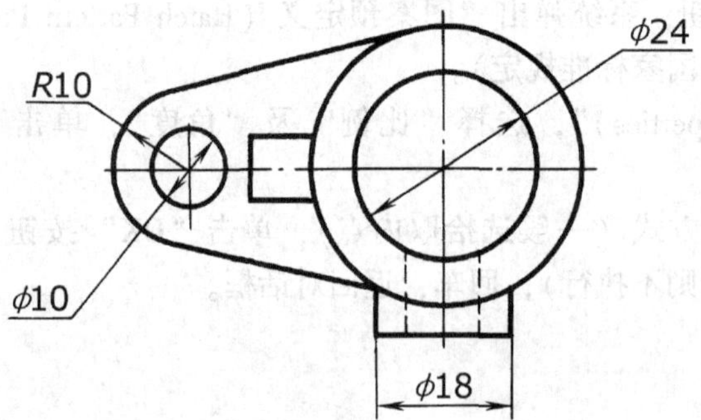

标记	处数	分区	更改文件号	签名	年 月 日				
设计	(签名)	(年月日)	标准化	(签名)	(年月日)	阶段标记	重量	比例	
								1:1	
审核									
工艺			批准			共 张 第 张			

例图 2

1）

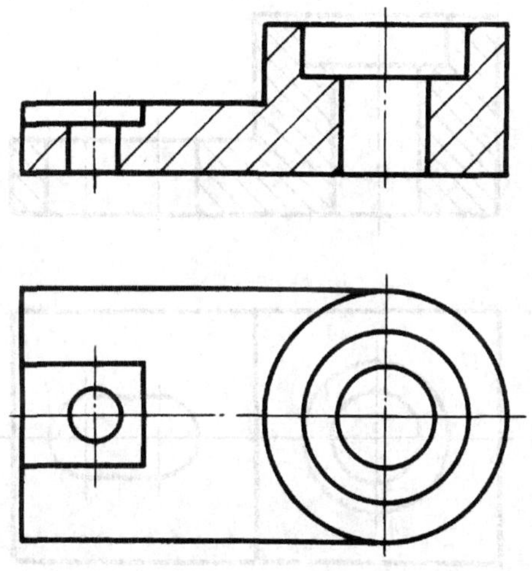

2）

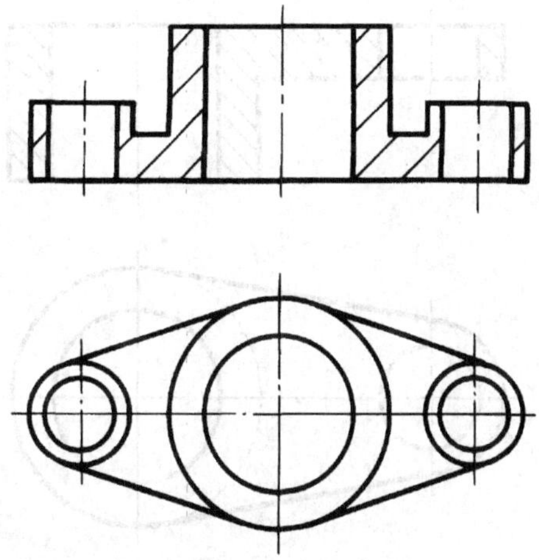

3）

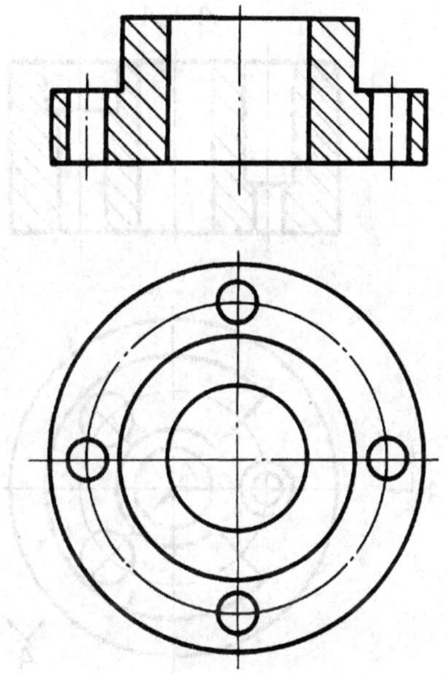

4）

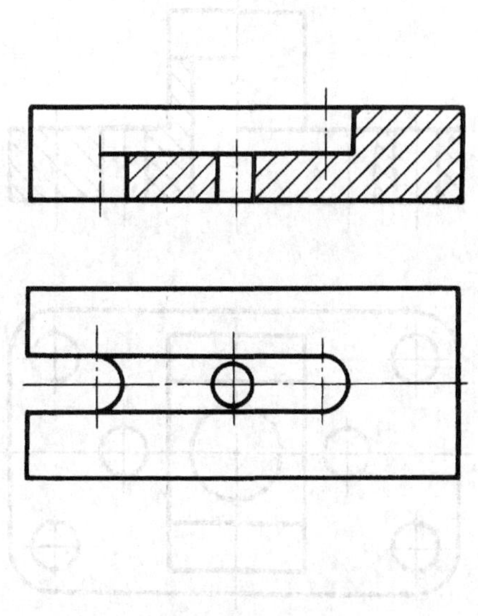

例图 3

1）

2）

3）

4）

A—A

A

A

A

例图 4

1）

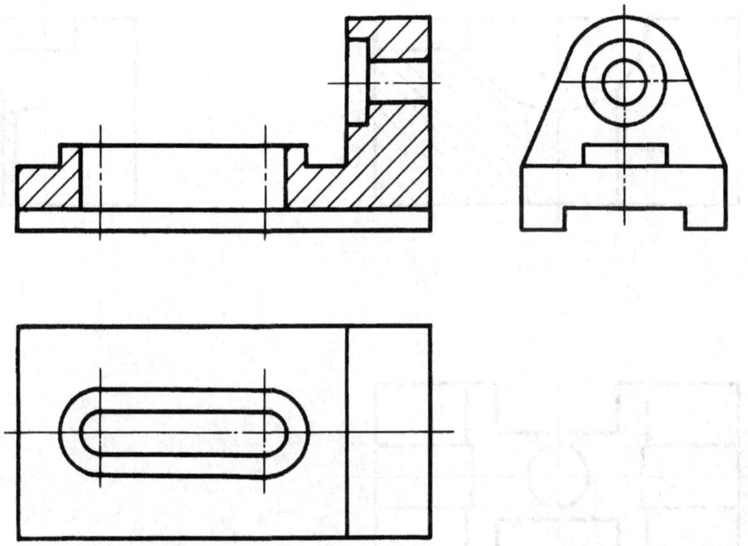

2）

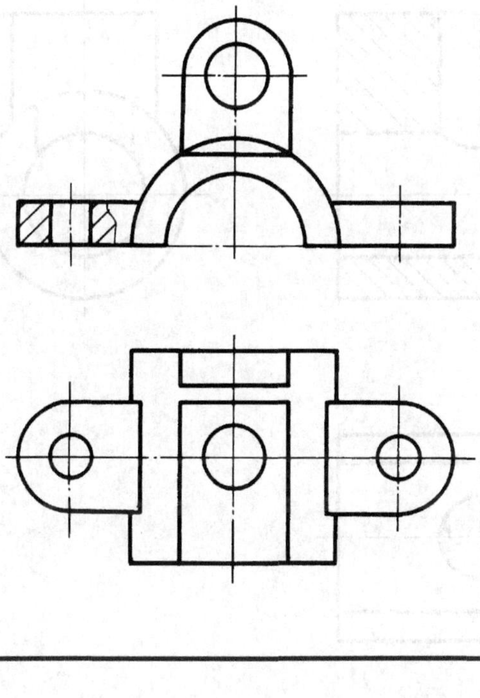

例图 5

1）

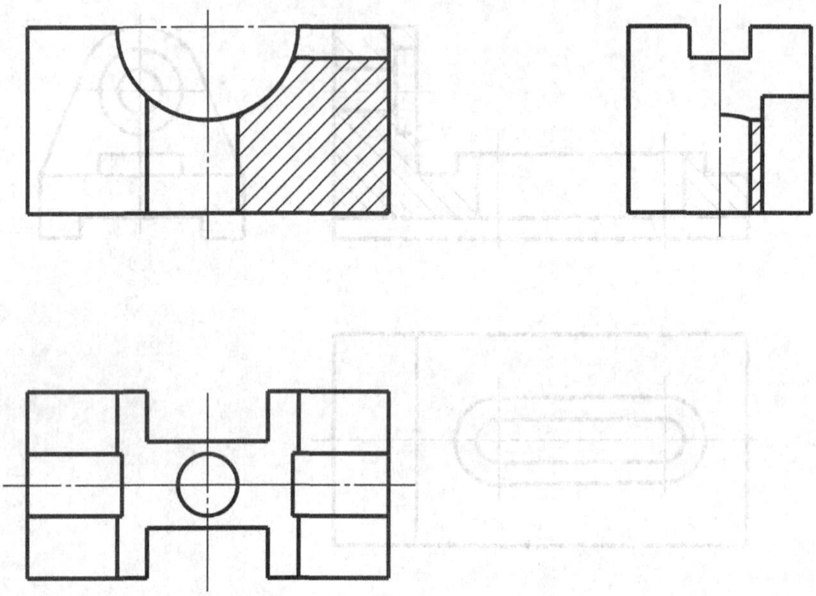

2）

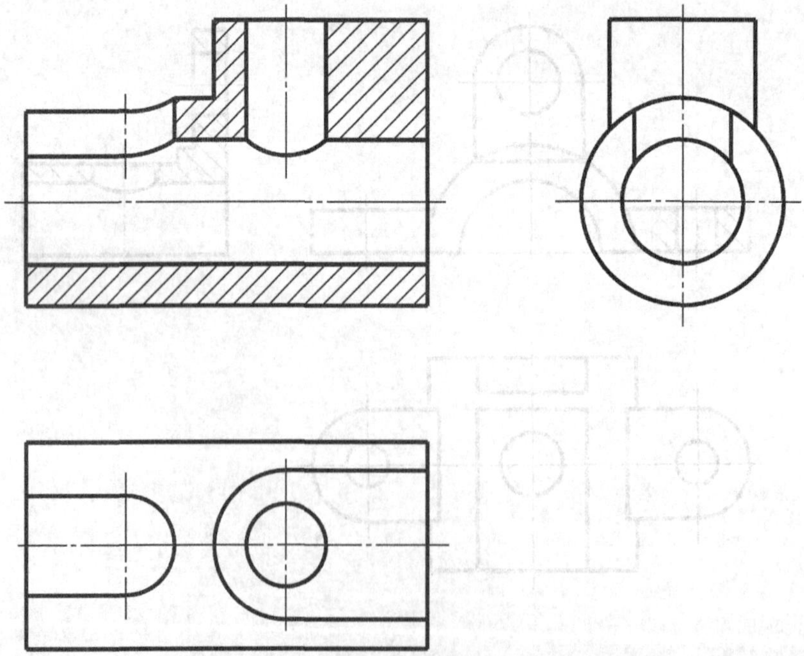

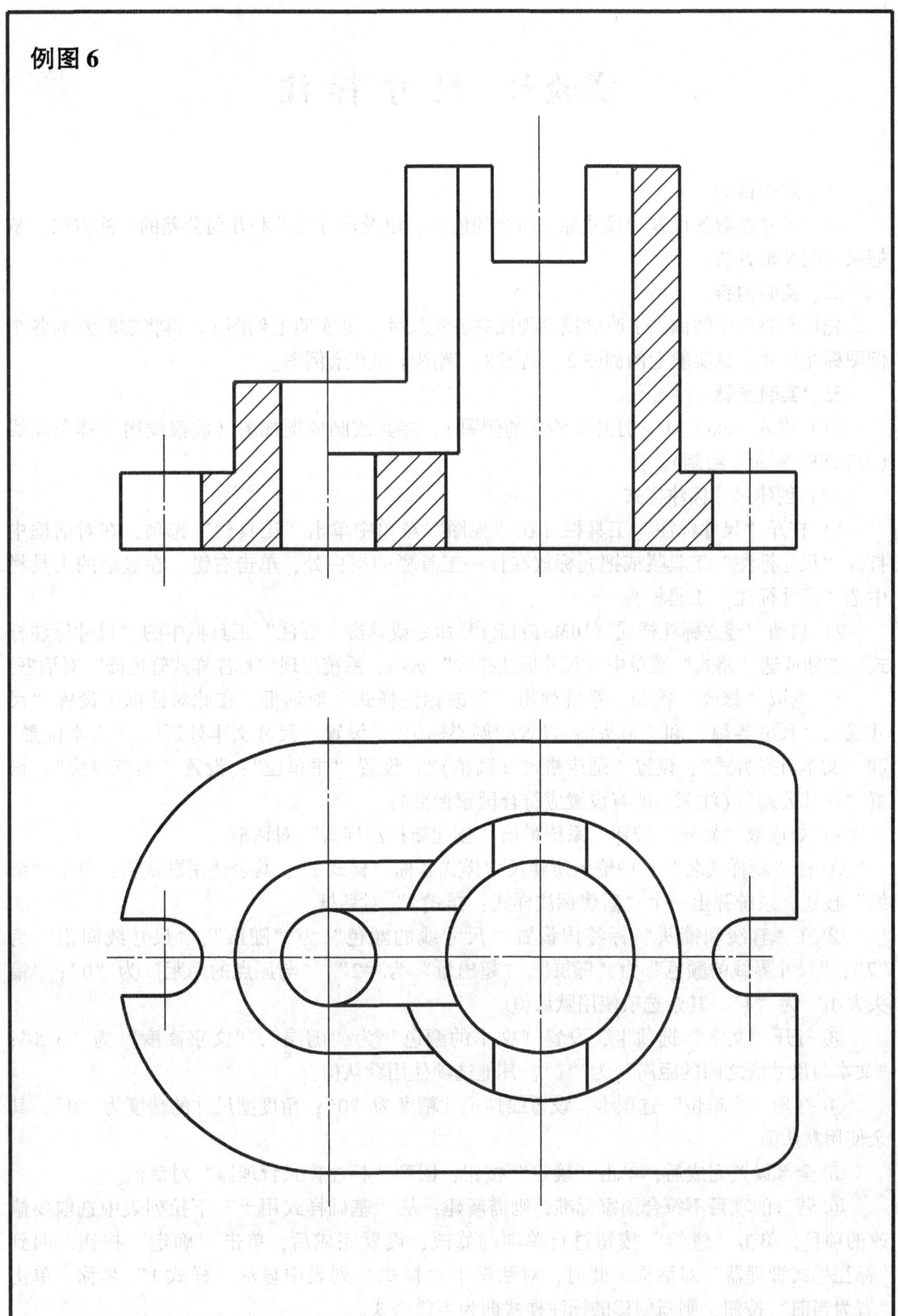
例图 6

实验七 尺 寸 标 注

一、实验目的

练习尺寸参数的设置和尺寸标注命令的使用，以及尺寸公差和几何公差的标注方法，掌握尺寸的编辑方法。

二、实验内容

先将实验六中的例图1改画成剖视图并标注尺寸，见实验七例图1。再将实验六的各个例图标注尺寸，见实验七的例图2、例图3、例图4和其余例图。

三、实验步骤

(1) 进入Auto CAD，打开实验六的例图1，将其改画成剖视图（波浪线用“样条曲线(SPLINE)”命令绘制）。

(2) 创建尺寸标注样式

1) 打开“尺寸标注”工具栏（在“视图”菜单中单击“工具栏”选项，在对话框中打开“尺寸标注”工具栏或把光标放在任一工具栏的空白处，单击右键，在显示的工具栏中选“尺寸标注”工具栏）。

2) 启动“建立标注样式（DIMSTYLE)”命令或单击“标注”工具栏中的“尺寸标注样式”按钮或选“格式”菜单中“尺寸标注样式”选项，系统出现“标注样式管理器”对话框。

3) 选取“修改”按钮，系统弹出“修改标注样式”对话框。在此对话框中设置“尺寸线”、“尺寸界限”和“箭头”；设置“圆心标记”；设置“尺寸文本外观”、“文本位置”和“文本对齐方式”；设置“适应格式（调整)”；设置“主单位”；设置“换算单位”；设置“尺寸公差”（注意：所有设置应符合国家标准)。

4) 如选取“新建”按钮，系统弹出“创建新标注样式”对话框。

① 在“新样式名”栏中输入所建尺寸样式名称“样式1”，其余使用默认值；单击“继续”按钮，系统弹出一个“新建标注样式：样式1”对话框。

② 在“直线和箭头”标签内设置“尺寸线的颜色”为“随层”，“尺寸线间距”为“7”；“尺寸界线的颜色”为“随层”、“超出量”为“2”、“与原点的间距”为“0”；“箭头大小”为“4”。其余选项使用默认值。

③ 打开“文字”选项卡，设置“文本的颜色”为“随层”，“文字高度”为“3.5”；“文本与尺寸线之间的距离”为“1”，其他选项使用默认值。

④ 打开“主单位”选项卡，设置线性尺寸精度为“0”；角度型尺寸的精度为“0”，其余使用默认值。

⑤ 全部设置完成后，单击“确定”按钮，回到“标注样式管理器”对话框。

⑥ 若有的项目不符合国家标准，则需新建；从“基础样式用于”下拉列表中选取要修改的项目，单击“继续”按钮进行单项的修改；设置完成后，单击“确定”按钮，回到“标注样式管理器”对话框。此时，对话框中“样式”列表中显示“样式1”名称，单击“置为当前”按钮，则新创建的标注样式即为当前格式。

⑦ 单击“关闭”按钮，退出标注样式管理器。

若要标注公差，则需要另设一个新的标注样式，打开“公差”选项卡，“公差尺寸”设置为“极限偏差”方式、“精度”为“0.000”、上极限偏差值默认为“正值”，下极限偏差值默认为“负值”，标注时不控制小数中的零的显示，“公差”对齐方式为“底对齐”，“字高系数”为“0.7”，其余选项使用默认值。其他同前。

（3）给三视图标注尺寸，赋名存盘。

（4）打开实验六的例图 2、例图 3 和例图 4，并标注尺寸。选作其余例图，分别赋名存盘。

（5）退出 AutoCAD。

例图 1

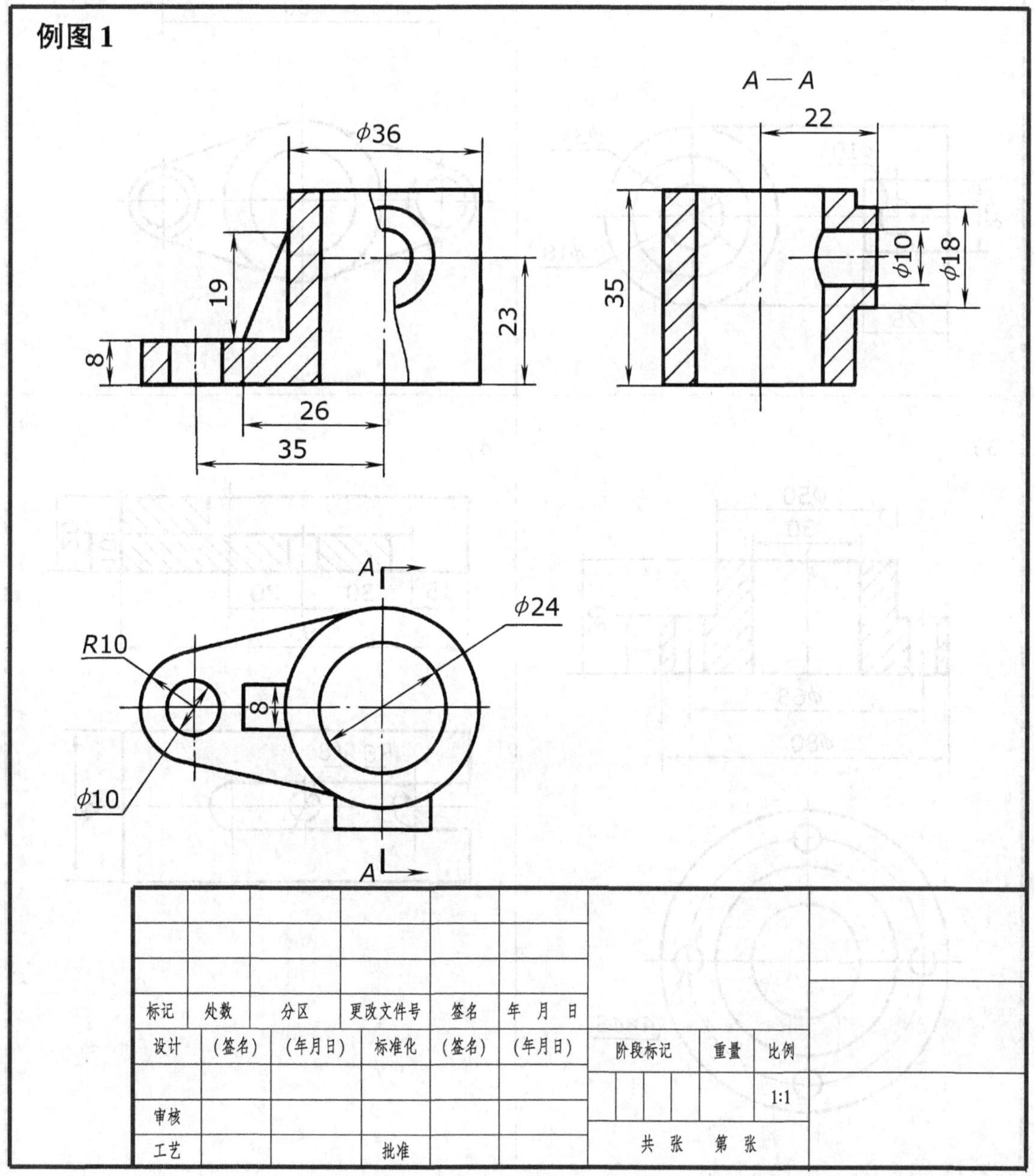

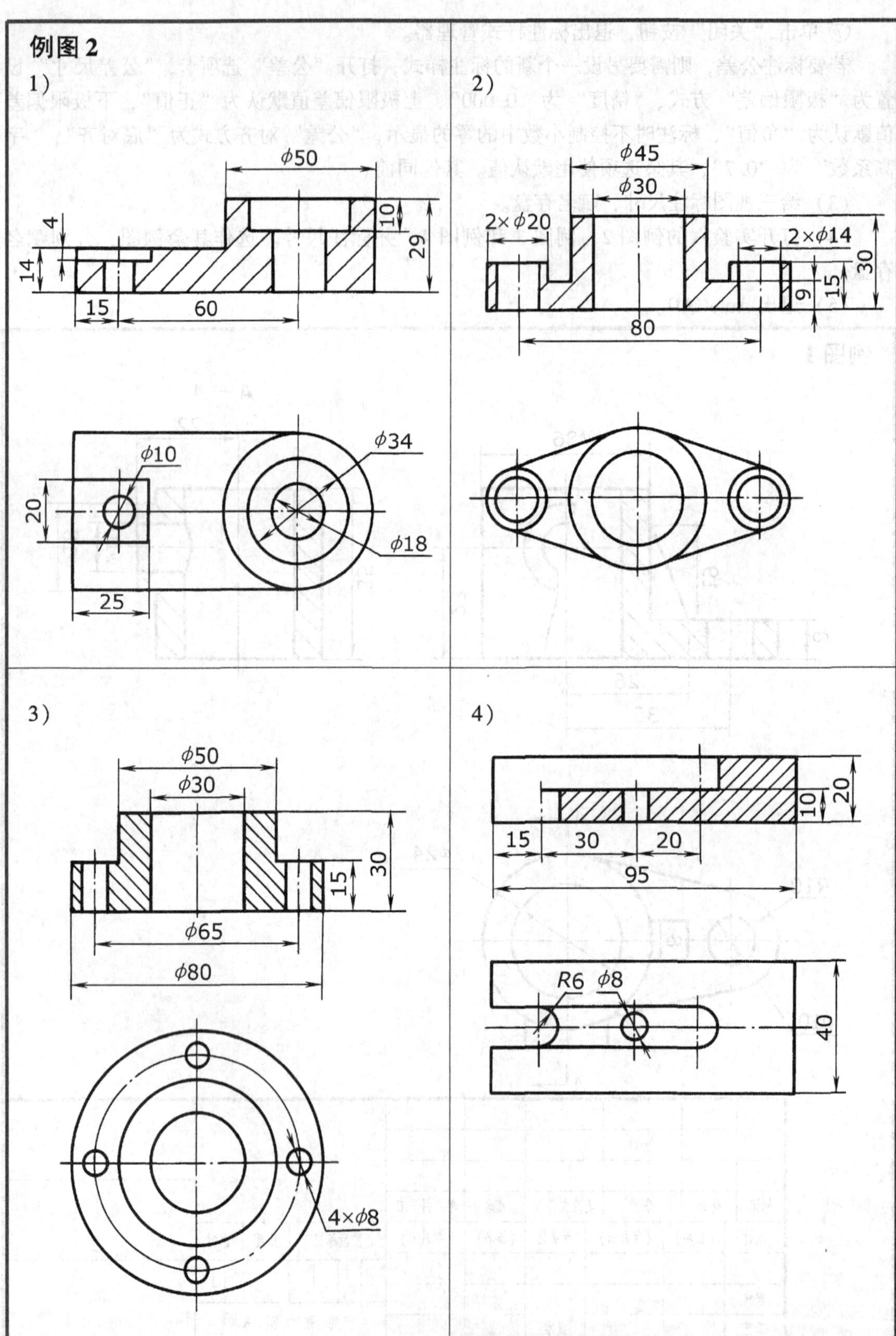

例图 2
1）
2）
3）
4）
ϕ50
4
10
29
14
15
60
ϕ10
ϕ34
20
ϕ18
25
ϕ45
ϕ30
2×ϕ20
2×ϕ14
30
15
9
80
ϕ50
ϕ30
30
15
ϕ65
ϕ80
4×ϕ8
20
10
15
30
20
95
R6
ϕ8
40

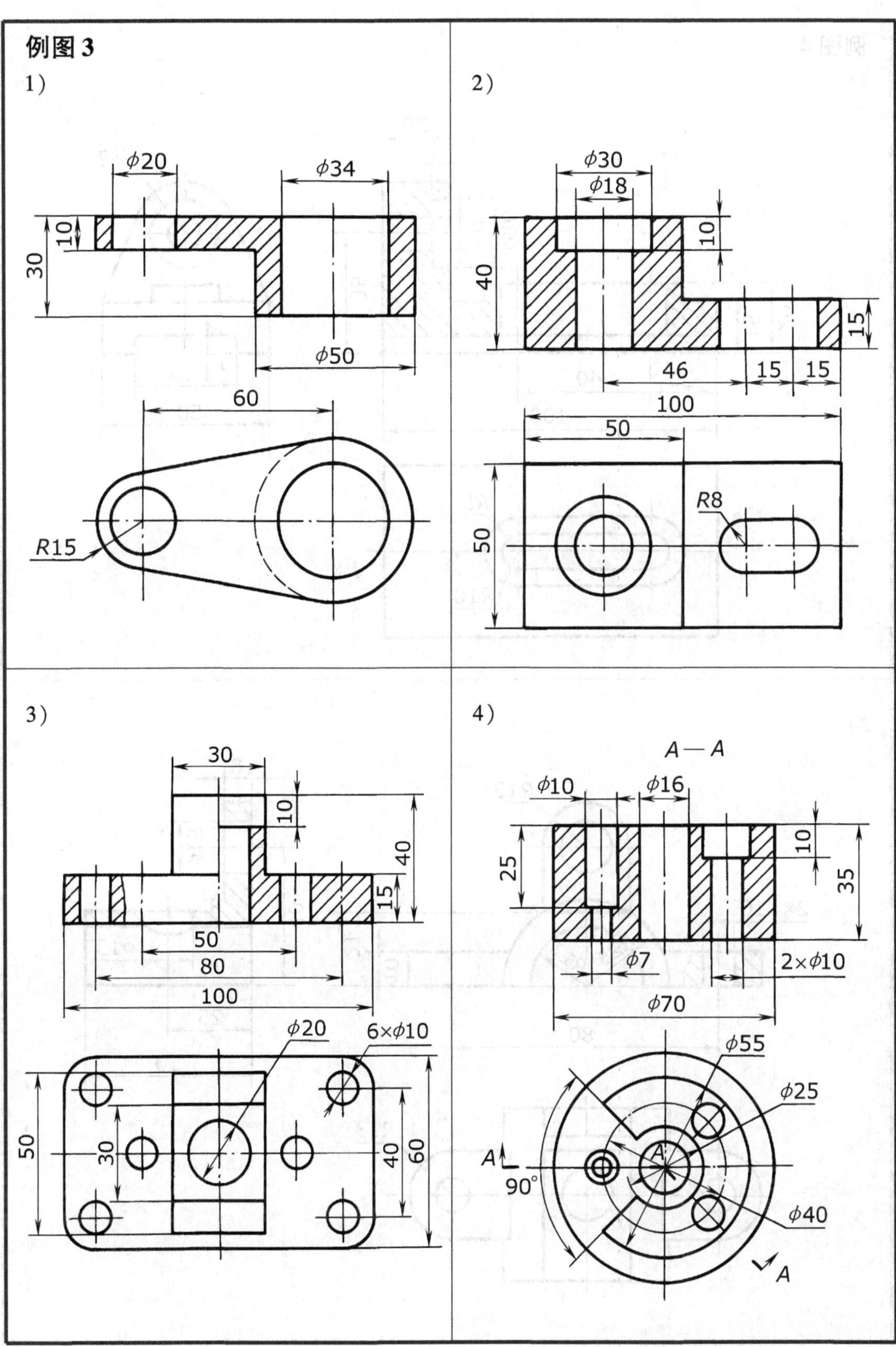
例图 3
1)
ϕ20
ϕ34
10
30
ϕ50
60
R15
2)
ϕ30
ϕ18
10
40
15
46
15
15
100
50
50
R8
3)
30
10
40
15
50
80
100
ϕ20
6×ϕ10
50
30
40
60
4)
A — A
ϕ10
ϕ16
25
10
35
ϕ7
2×ϕ10
ϕ70
ϕ55
ϕ25
A
A
90°
ϕ40
A

例图 4

1)

20
5
R15
ϕ20
ϕ10
35
20
15
20
40
100
5
30
50
R5
R10

2)

R13
8
ϕ15
2×ϕ10
R25
R17
10
21
40
ϕ15
80
25
50
R13

例图 5

1）

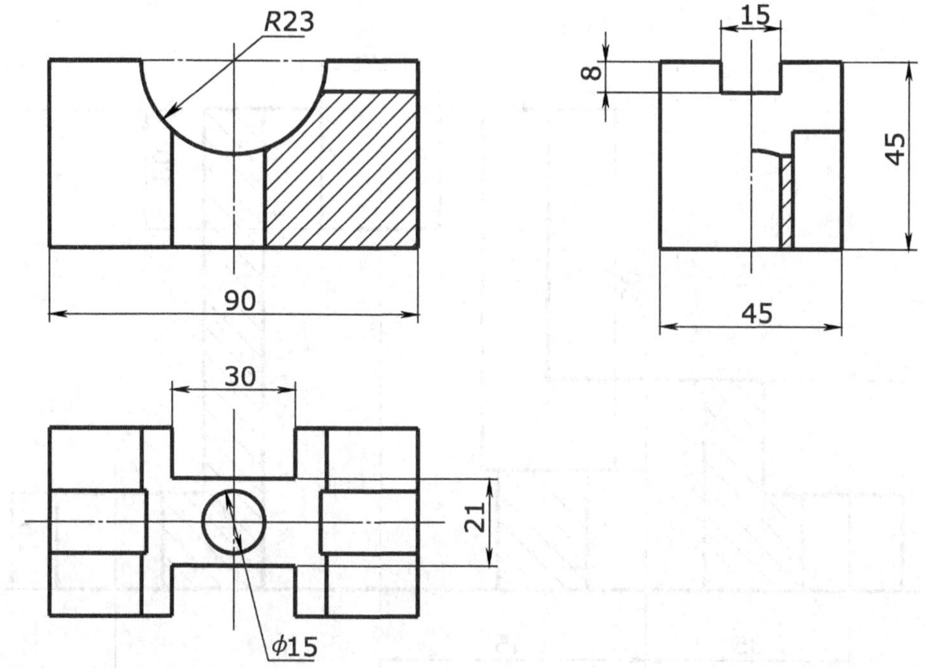

2）

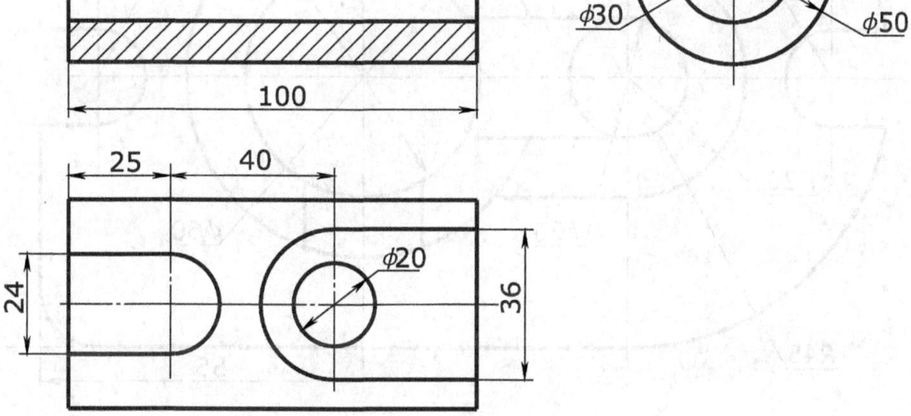

例图 6

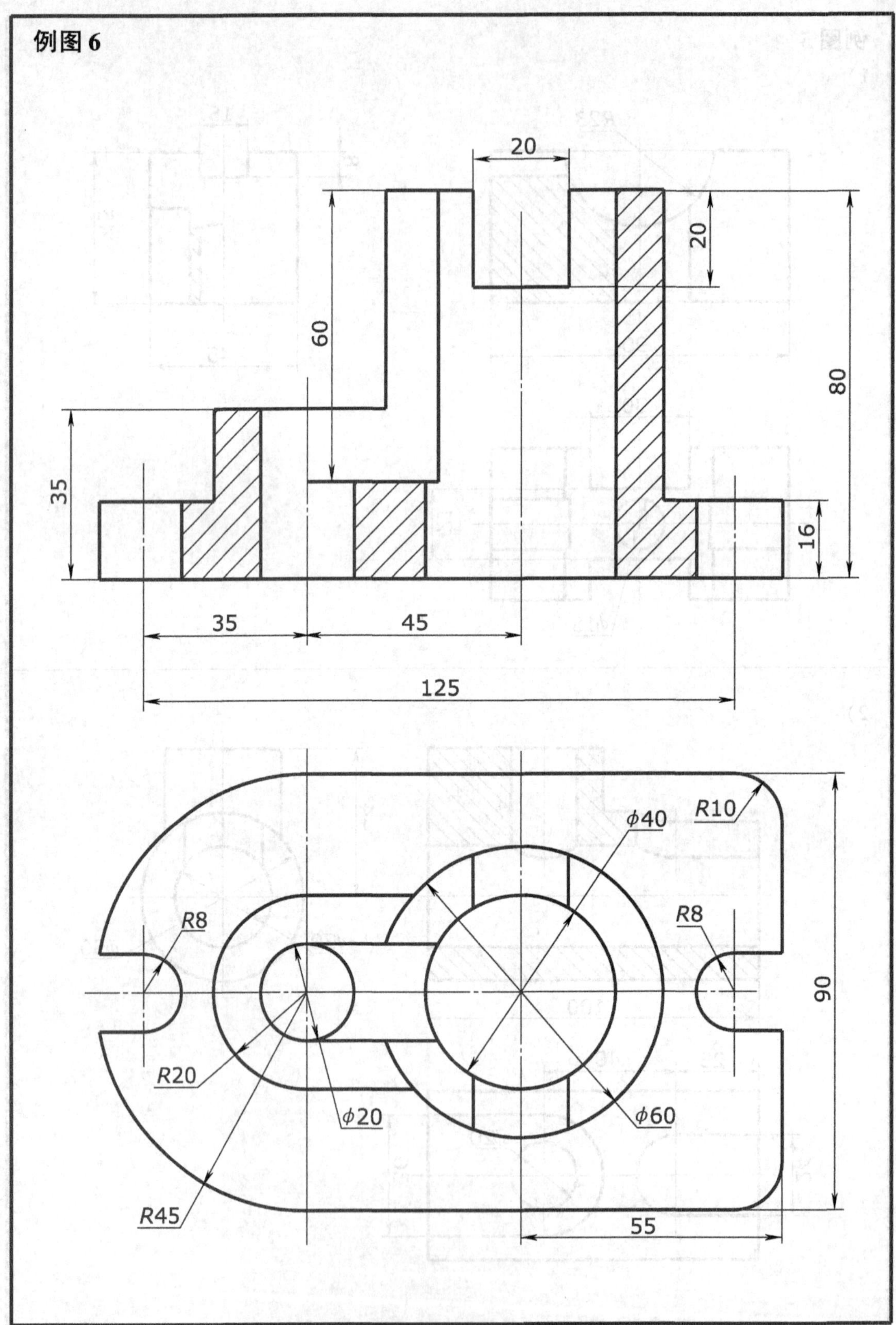

实验八　绘制轴的零件图

一、实验目的

练习尺寸标注及零件图的画法。

二、实验内容

绘制例图 1 和例图 2 轴的零件图。选画其余轴的零件图。

三、实验步骤

（1）进入 AutoCAD，打开“A4”模板图。

（2）设置绘图环境，设图层、颜色、线型。

（3）绘制轴的视图

1）把中心线层设置为当前层，绘制定位轴线。

2）在粗实线层绘制轮廓线。

3）标注表面粗糙度（按标准绘制表面粗糙度符号，然后复制或阵列成需要的数量。写上表面粗糙度数值，用旋转和移动命令逐个进行标注）。

（4）建立尺寸标注的样式，给视图标注尺寸、注写技术要求。

（5）填写标题栏。

（6）赋名存盘，退出 AutoCAD。

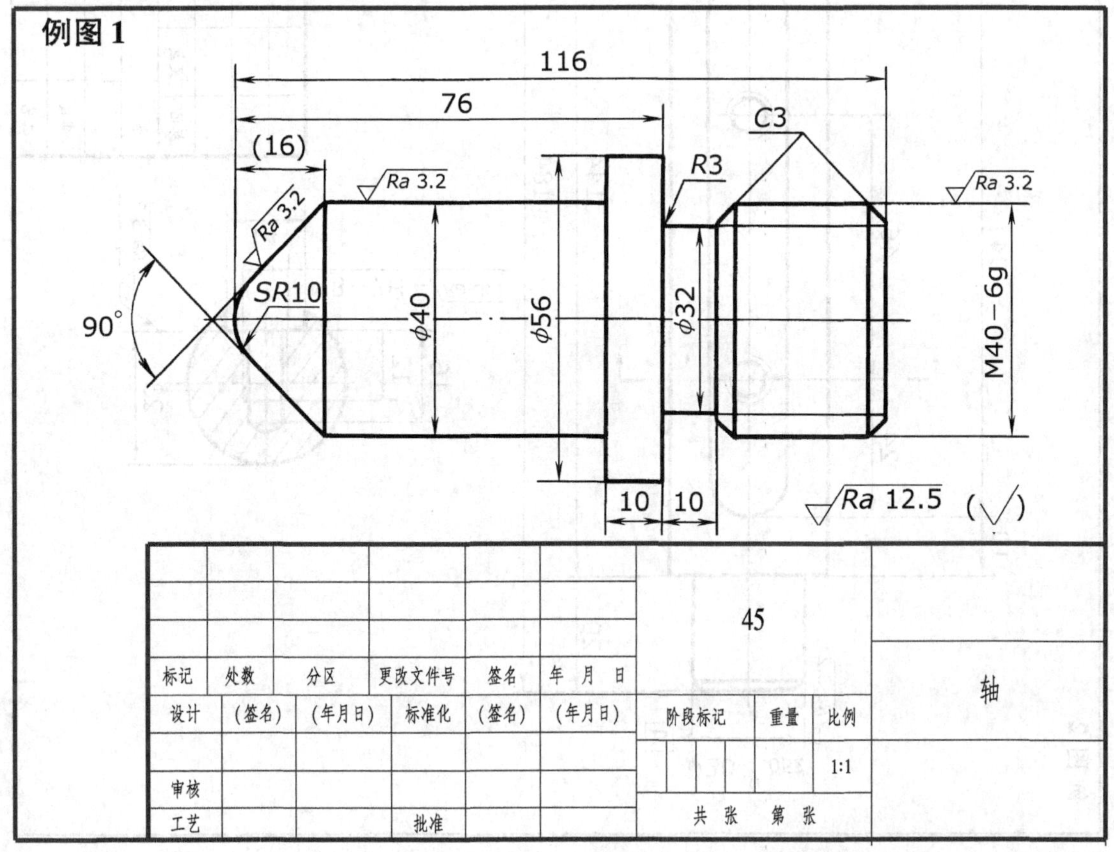

例图 2

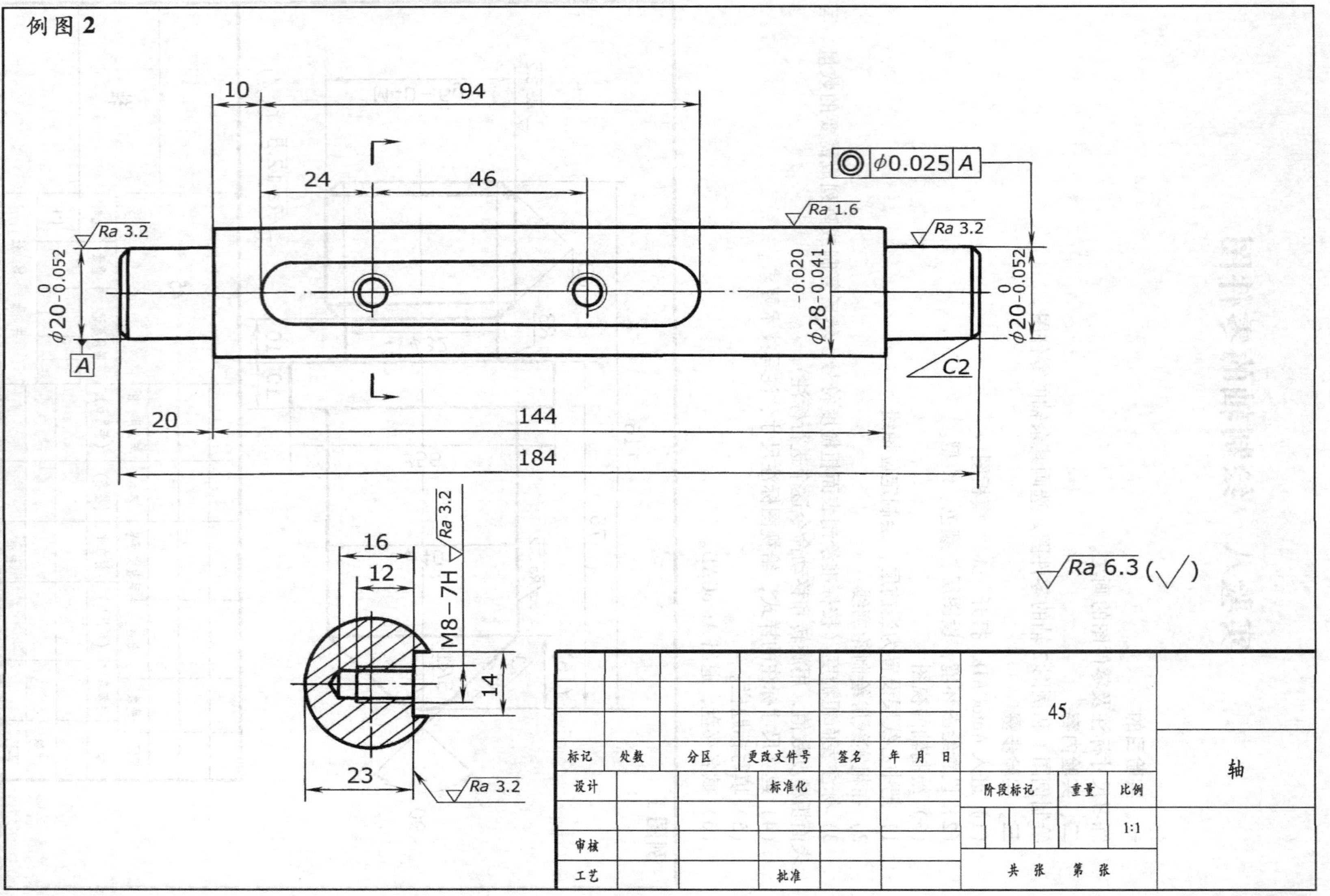
10
94
24
46
φ0.025 A
Ra 1.6
Ra 3.2
φ20-0.052 0
A
φ28-0.020 -0.041
C2
20
144
184
16
12
M8−7H
Ra 3.2
14
23
Ra 6.3 (√)
45
轴
标记
处数
分区
更改文件号
签名
年 月 日
设计
标准化
阶段标记
重量
比例
1:1
审核
工艺
批准
共 张
第 张

例图 3

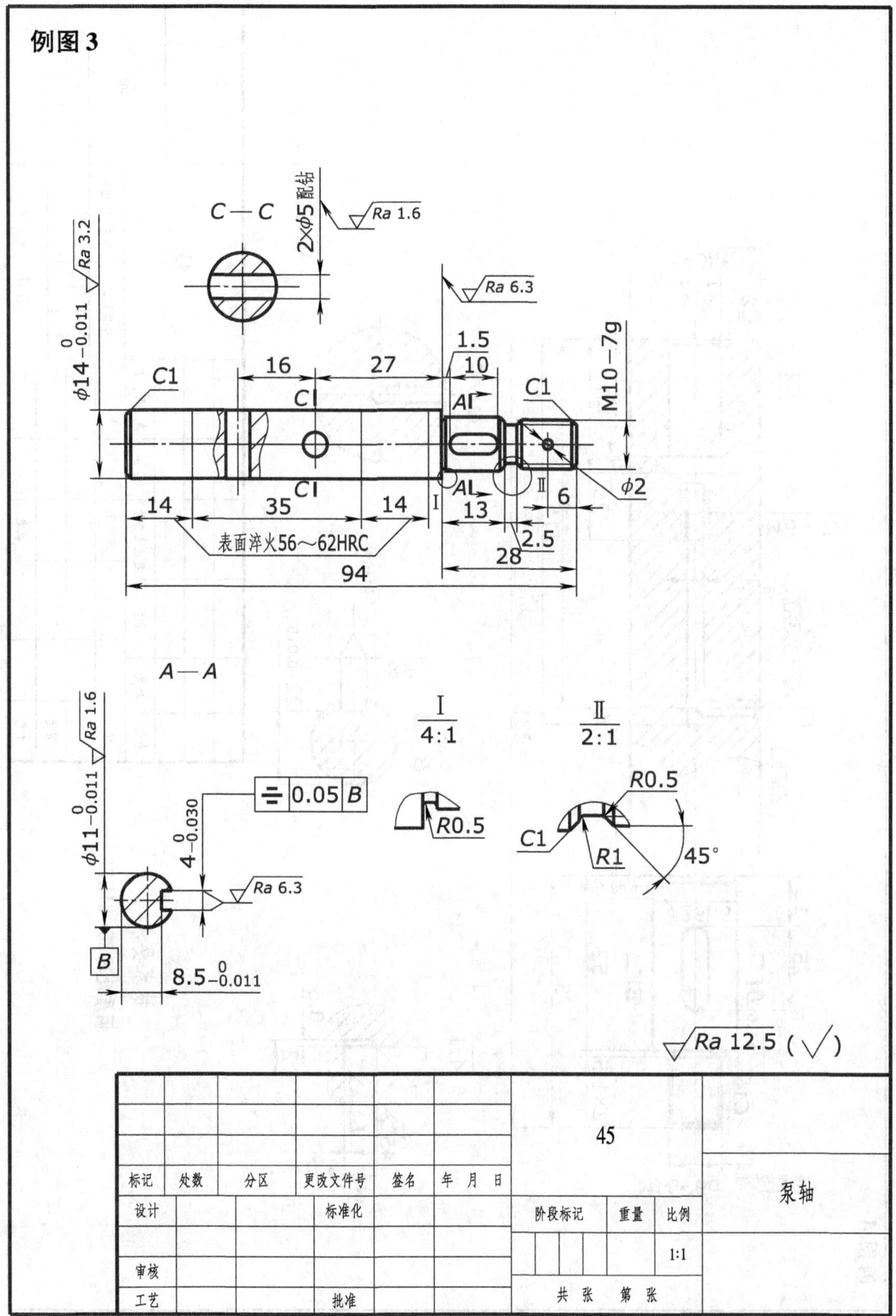
C—C
2×ϕ5 配钻
Ra 1.6
Ra 3.2
ϕ14 0 −0.011
Ra 6.3
1.5
16
27
10
M10−7g
C1
C1
C1
C1
A
A
C1
ϕ2
Ⅱ
6
14
35
14
Ⅰ
13
2.5
表面淬火56～62HRC
28
94
A—A
Ra 1.6
Ⅰ
4:1
Ⅱ
2:1
ϕ11 0 −0.011
0.05 B
4 0 −0.030
R0.5
R0.5
C1
R1
45°
Ra 6.3
B
8.5 0 −0.011
Ra 12.5 (√)
45
标记 处数 分区 更改文件号 签名 年 月 日
设计 标准化
阶段标记 重量 比例
1:1
审核
工艺 批准
共 张 第 张
泵轴

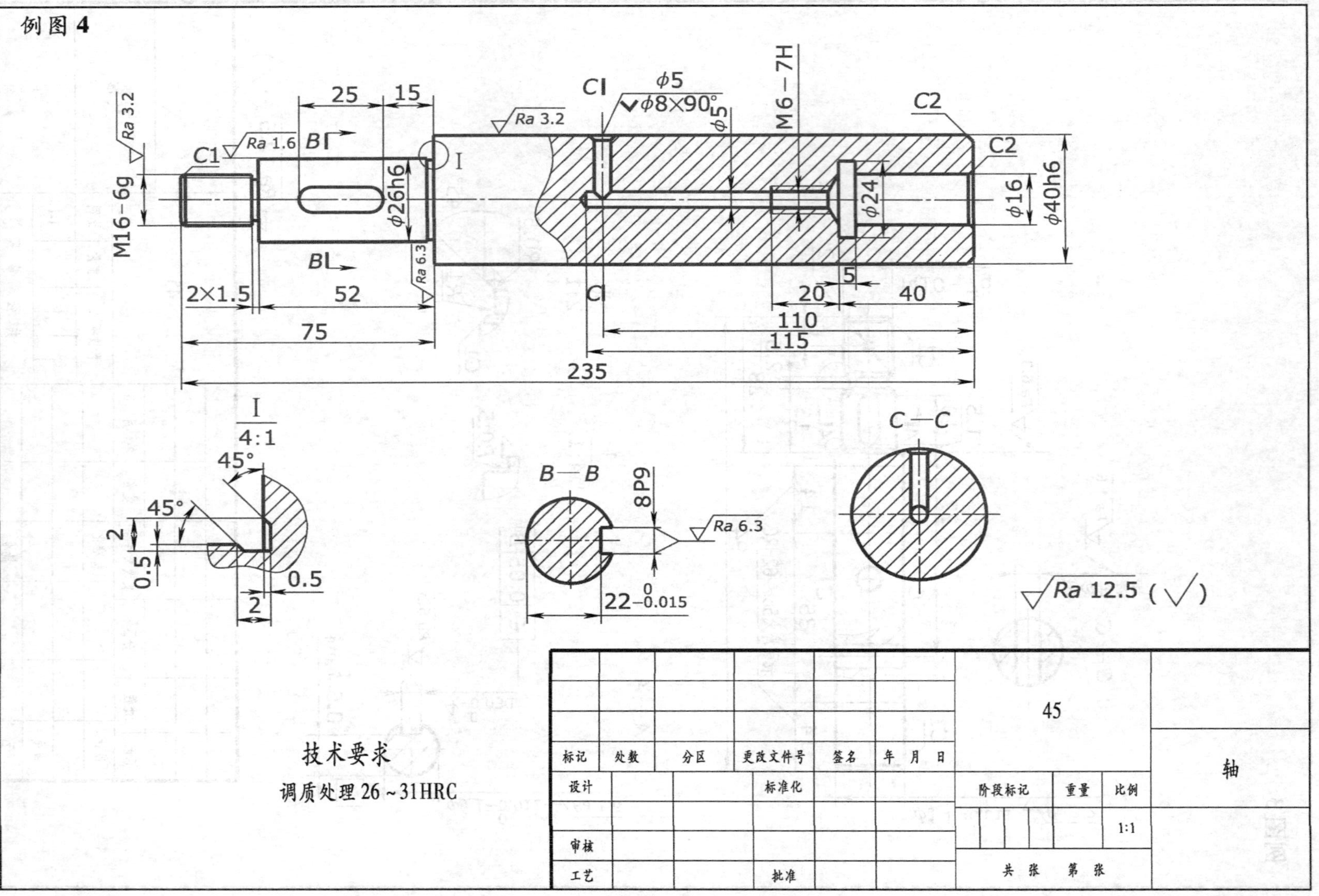
例图 4
M16－6g
Ra 3.2
C1
Ra 1.6
B
B
25
15
φ26h6
Ra 6.3
I
2×1.5
52
75
Ra 3.2
C1
φ5
⌵φ8×90°
φ5
M6－7H
C1
C2
C2
φ24
φ16
φ40h6
5
20
40
110
115
235
I
4:1
45°
45°
2
0.5
0.5
2
B—B
8P9
$22^{\ 0}_{-0.015}$
Ra 6.3
C—C
Ra 12.5（√）
技术要求
调质处理 26～31HRC
标记
处数
分区
更改文件号
签名
年
月
日
设计
标准化
审核
工艺
批准
45
阶段标记
重量
比例
1:1
共
张
第
张
轴

实验九　绘制电路图

一、实验目的

1）练习创建“块定义（BMAKE）”命令、“插入块（DDINSERT）”命令和“块存盘（WBLOCK）”命令的使用方法。练习块的属性定义、编辑的方法。

2）练习建立“文字的样式（STYLE）”命令和“文字的输入（动态文字 DTEXT 命令、多行文字 MTEXT 命令）”以及“编辑文字（DDEDIT）”命令的使用方法。

二、实验内容

绘制实验九例图 1 和例图 2 的电路图，选绘其余例图。

三、实验步骤

(1) 进入 AutoCAD，打开“A4”模板图。

(2) 设置绘图环境，建立图层、颜色、线型、线宽。

(3) 绘制电路图的基本图线。

(4) 创建电路图中的各种电气符号的图块　如创建一电阻符号。

1）调用“矩形（RECTANG）”命令画一矩形。

2）调用“块（BMAKE）”命令（菜单：“绘图”→“块”→“创建”或“绘图”工具栏中的创建块图标），系统弹出“块定义”对话框。

3）在“块名”输入框中，输入块名（可以是字母、数字或中文）：“电阻”。

4）单击“选择对象”按钮，回到绘图区，选中刚画的矩形，单击右键。

5）返回“块定义”对话框，单击“选择基点”按钮，回到绘图区，利用“对象捕捉”命令，捕捉矩形短边的中点为基点，返回对话框，单击“确定”按钮。

(5) 用“插入块（DDINSERT）”命令插入块　如将创建的块（电阻），插入到图中。

1）调用“插入块”命令（菜单：“插入”→“块”或单击“绘图”工具栏的插入块图标），系统弹出“插入块”对话框。

2）单击“块（B）”按钮，在已定义的“块”对话框中选择“电阻”选项。

3）对话框中的选项用于指定插入点、比例和旋转角度，插入点与块的基点对齐，单击“确定”按钮，回到绘图区。

4）在图形中确定插入点，在命令行中提示：

X 比例因子 <1>/角点（C)/XYZ：(X 方向比例因子)

Y 比例因子 <默认 = X>：(Y 方向比例因子)

旋转角度 <0>：(插入图形旋转角度)

——确定缩放和旋转角度，则完成图块的插入。

(6) 建立文字样式（STYLE）　运用“动态文字（DTEXT)”命令，进行注释。

1）从命令行输入命令（或从菜单：“绘图”→“文字”→“单行文字”）：DT 回车。

2）命令行提示：

对正（J)/字样（S)/<起点>：(在图中指定文字的起点)

高度<默认值>：输入文字高度或选默认值

旋转角度<默认值>：输入旋转角度或选默认值

3）输入文字，可用光标任意确定输入文字的位置。

4）全部输入完毕后，连续回车两次，结束该命令。

（7）练习块的属性定义（Attdef、Ddattdef)

1）先画好要创建块的图形，如电阻。

2）单击菜单：“绘图”→“块”→“定义属性”或从命令行输入命令（Attdef、Ddattdef)，系统弹出“属性定义”对话框。

3）在“模式”栏中选取“验证”选项；在“属性”栏中输入标记“RI”；在“提示”栏中输入以后使用时，在命令行中要提示你做什么的内容（如：输入电阻代号)。

4）“插入点”。选择属性在块中的插入点，单击“拾取点”，在块的图形中直接确定属性的位置（选矩形左边的中点向左 1mm)。

5）“文字选项”栏。确定属性文本的对齐方式（选右下对齐)、文字样式、高度（3.5mm）和旋转角度。

6）单击“确定”按钮，即可在电阻上显示属性标记“RI”。

7）将带有属性的电阻符号定义成块，完成属性定义（见下图)。

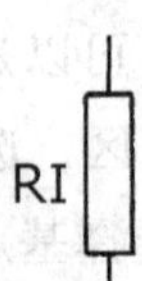

（8）保存块命令（Wblock)

1）在命令行输入：“W”，回车，系统弹出“写块”对话框。

2）在“源”栏中确定要保存的块，在“目标”栏输入图形文件的名称、位置和插入单位。文件名与块名可以相同，便于记忆。

3）单击“确定”按钮，即可将块存盘。

（9）完成全图后，赋名存盘，退出 AutoCAD。

例图 1

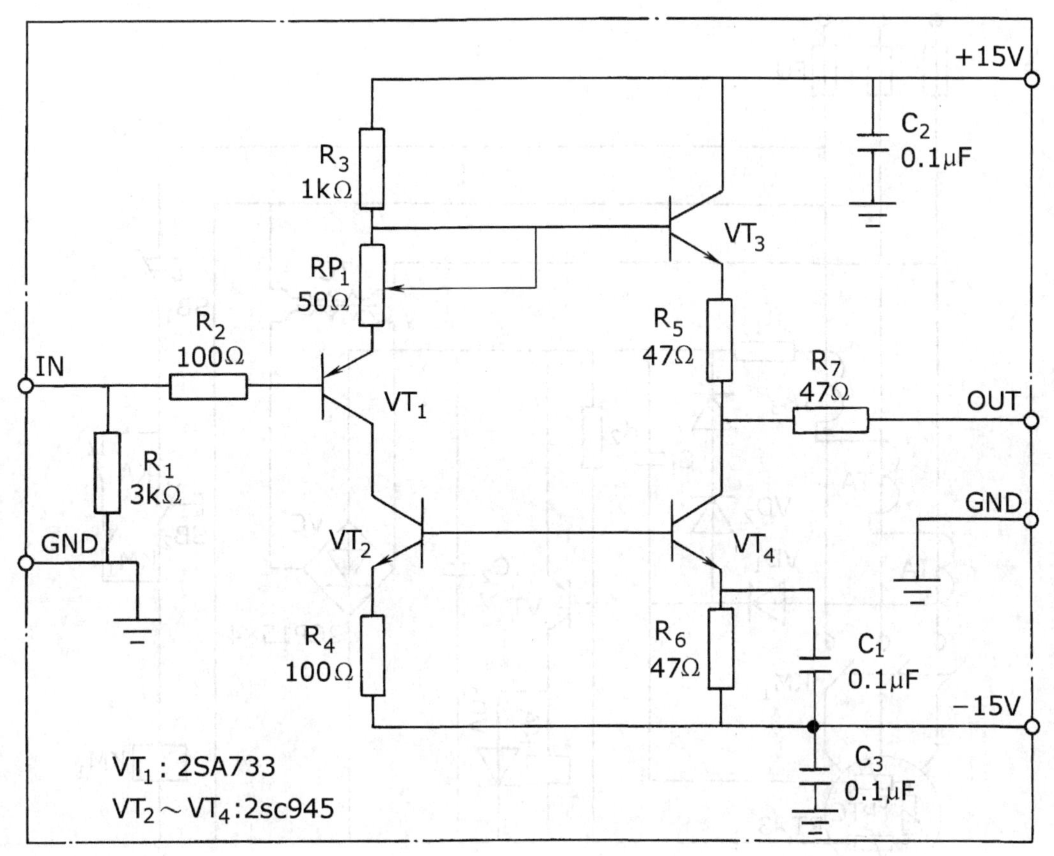

标记	处数	分区	更改文件号	签名	年　月　日			电路图
设计			标准化			阶段标记	重量	比例
审核								
工艺			批准			共　张　第　张		

例图 2

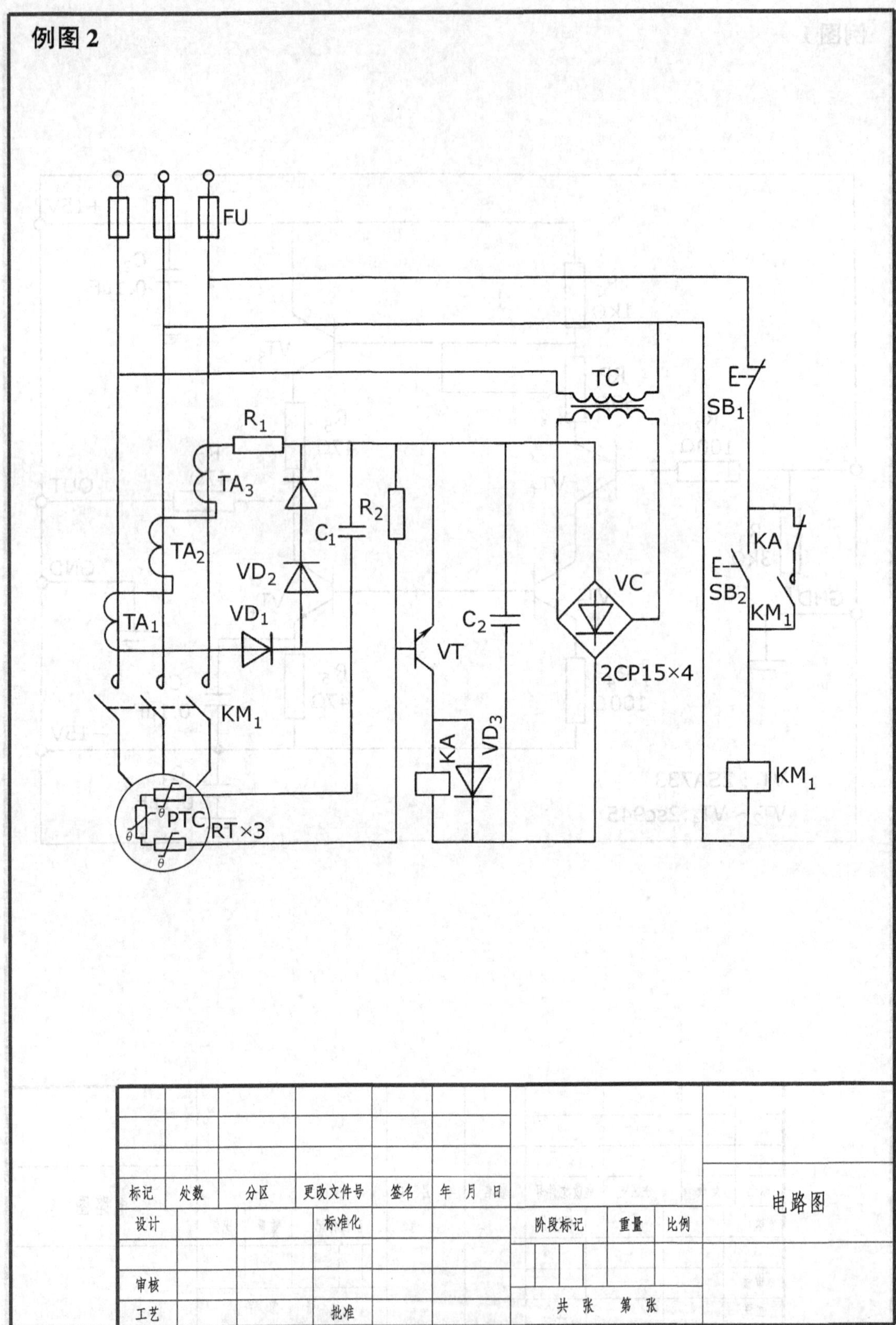
FU
TC
SB1
R1
TA3
R2
KA
TA2
C1
VD2
VC
SB2
KM1
TA1
VD1
C2
VT
2CP15×4
KM1
KA
VD3
KM1
PTC
RT×3
标记
处数
分区
更改文件号
签名
年 月 日
设计
标准化
阶段标记
重量
比例
电路图
审核
工艺
批准
共 张
第 张

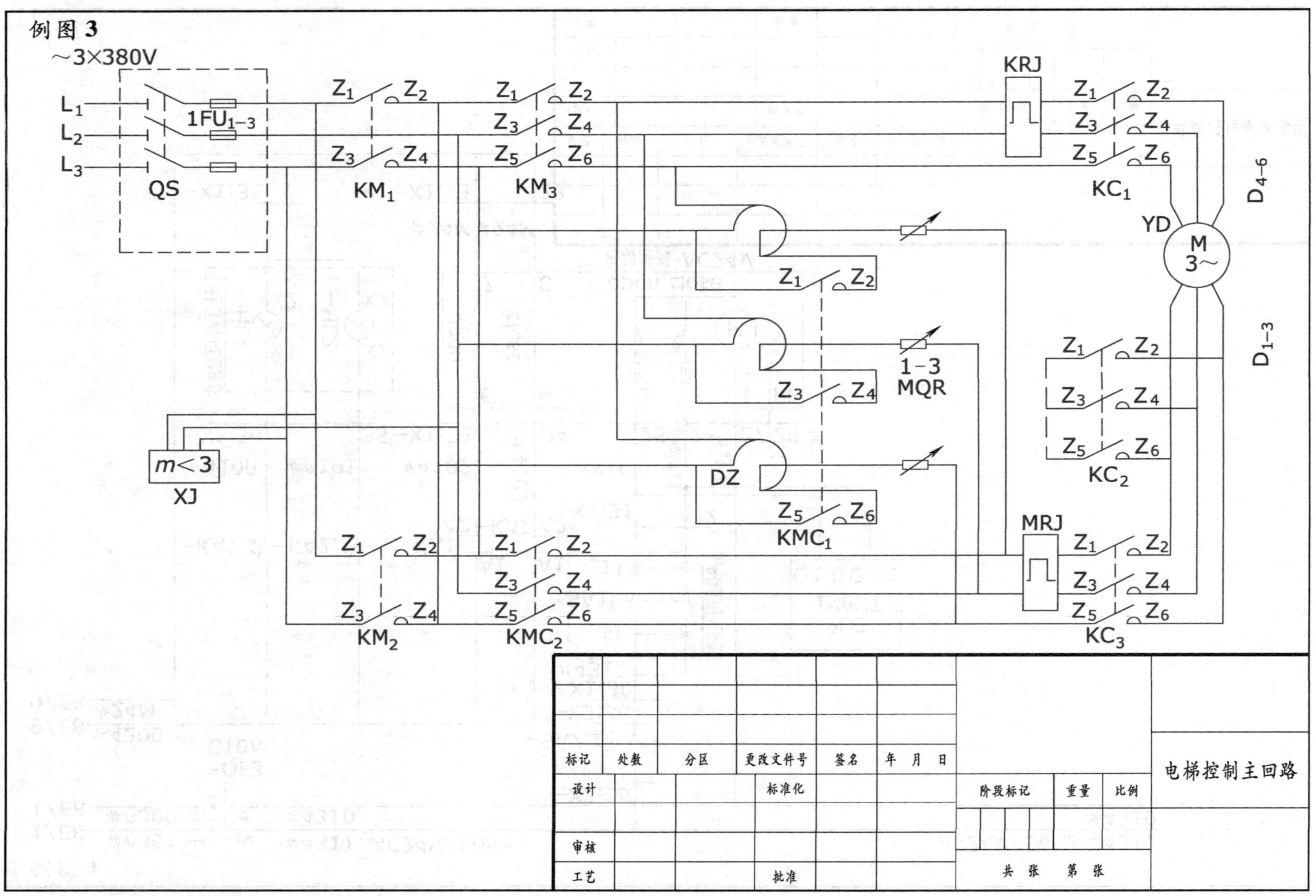
例图 3
~3×380V
L1
L2
L3
QS
1FU1-3
Z1 Z2 Z3 Z4
KM1
Z1 Z2 Z3 Z4 Z5 Z6
KM3
KRJ
Z1 Z2 Z3 Z4 Z5 Z6
KC1
D4-6
YD
M
3~
D1-3
Z1 Z2
Z3 Z4
Z5 Z6
KMC1
DZ
1-3
MQR
Z1 Z2 Z3 Z4 Z5 Z6
KC2
m<3
XJ
Z1 Z2 Z3 Z4
KM2
Z1 Z2 Z3 Z4 Z5 Z6
KMC2
MRJ
Z1 Z2 Z3 Z4 Z5 Z6
KC3
标记
处数
分区
更改文件号
签名
年 月 日
设计
标准化
审核
工艺
批准
阶段标记
重量
比例
共 张 第 张
电梯控制主回路

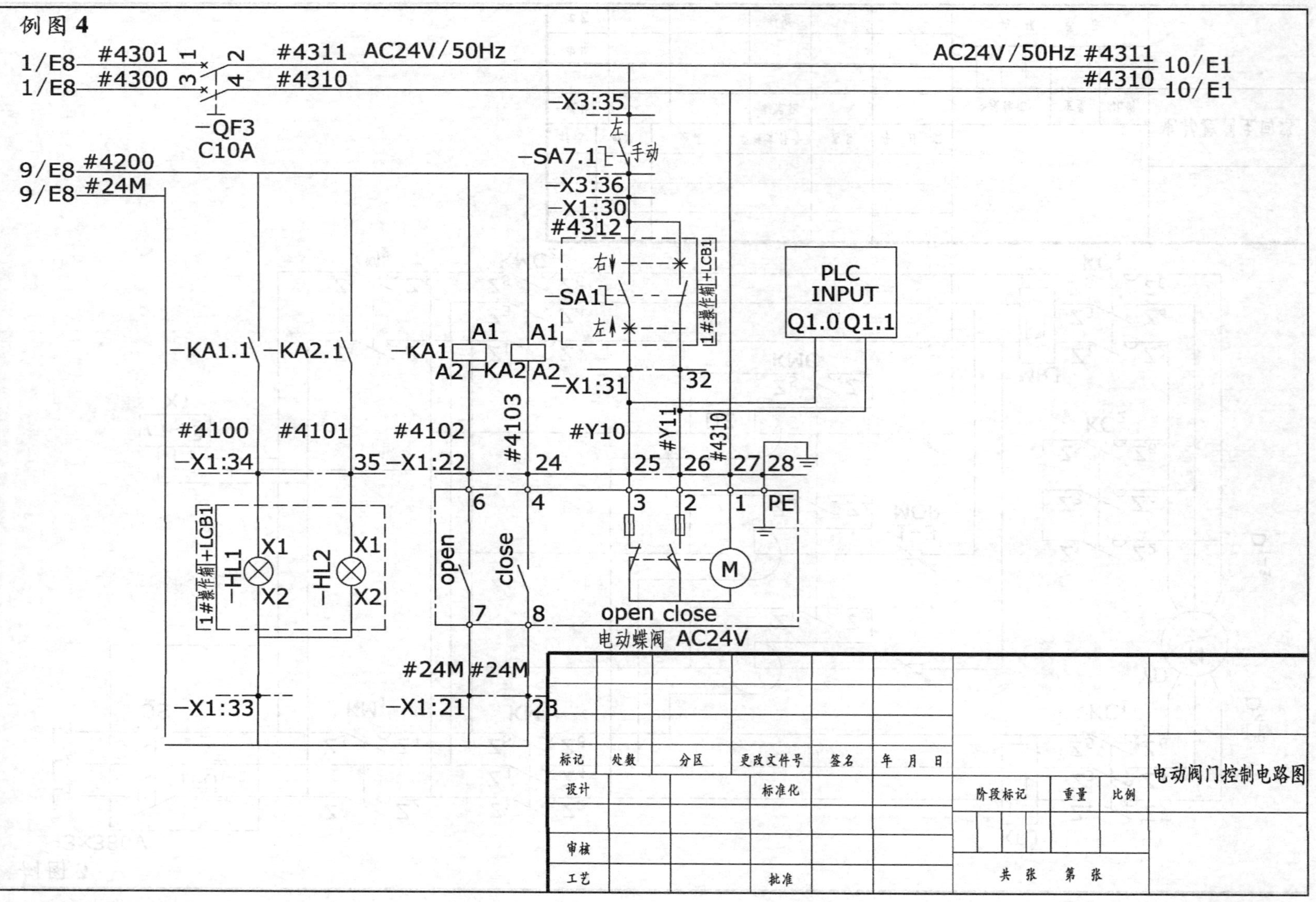

例图 4
1/E8 #4301
1/E8 #4300
#4311 AC24V/50Hz
#4310
AC24V/50Hz #4311 10/E1
#4310 10/E1
-QF3
C10A
9/E8 #4200
9/E8 #24M
-X3:35
左
-SA7.1
手动
-X3:36
-X1:30
#4312
右
-SA1
左
1#操作箱 +LCB1
PLC
INPUT
Q1.0 Q1.1
-KA1.1
-KA2.1
-KA1
-KA2
A1
A2
-X1:31
32
#4100
#4101
#4102
#4103
#Y10
#Y11
#4310
-X1:34
35
-X1:22
24
25
26
27
28
6
4
3
2
1
PE
X1
X2
-HL1
-HL2
open
close
7
8
M
open close
电动蝶阀 AC24V
#24M #24M
-X1:33
-X1:21
23
标记 处数 分区 更改文件号 签名 年 月 日
设计 标准化
审核
工艺 批准
阶段标记 重量 比例
共 张 第 张
电动阀门控制电路图

实验十　绘制建筑图

一、实验目的

1）练习创建“块定义（BMAKE）”命令、“插入块（DDINSERT）”命令和“块存盘（WBLOCK）”命令的用法。练习块的“属性定义”的方法。

2）练习建立“文字的样式（STYLE）”命令和“文字的输入（动态文字 DTEXT 命令、多行文字 MTEXT 命令）”以及“编辑文字（DDEDIT）”命令的使用方法。

3）练习绘制建筑图。

二、实验内容

抄绘实验十中的建筑平面图和剖面图。选绘基础平面图和基础详图。

（剖面图中：楼宽（中心线位置）为 9500mm，楼梯间宽为 5400mm，楼梯平台宽为 1200mm，墙厚为 240mm，门为 800mm×2100mm。）

三、实验步骤

1）进入 AutoCAD。

2）设置绘图环境。建新图层、颜色、线型、线宽，设置文字样式，设置尺寸样式。

图形界限左下角（0，0），右上角（29700，42000）。

3）绘制图幅（29700mm×42000mm）、边框（28700mm×41000mm）、标题栏（5600mm×18000mm）。

4）在点画线层绘制定位轴线。

5）在粗实线层绘制墙线。

6）用“创建块定义（Bmake）”命令把门、标高符号定义成块，分别插入图中。

7）在细实线层标注尺寸（注：标高尺寸以米为单位）。

8）完成全图后，赋名存盘，退出 AutoCAD。

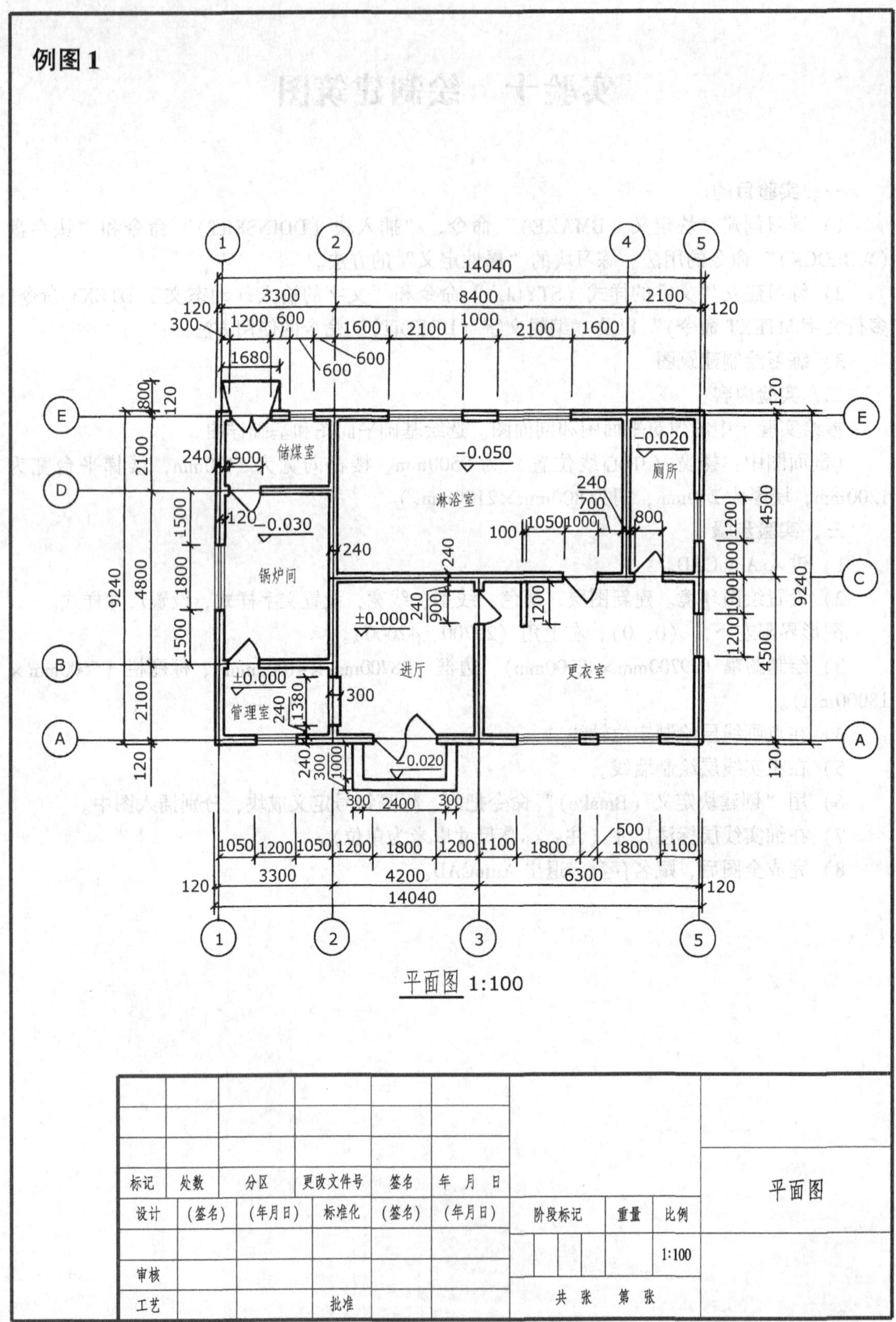
例图 1
储煤室
锅炉间
淋浴室
厕所
进厅
更衣室
管理室
−0.050
−0.030
−0.020
±0.000
14040
标记 处数 分区 更改文件号 签名 年 月 日
设计 (签名) (年月日) 标准化 (签名) (年月日)
阶段标记 重量 比例
1:100
审核
工艺
批准
共 张 第 张
平面图

平面图 1:100

例图 2

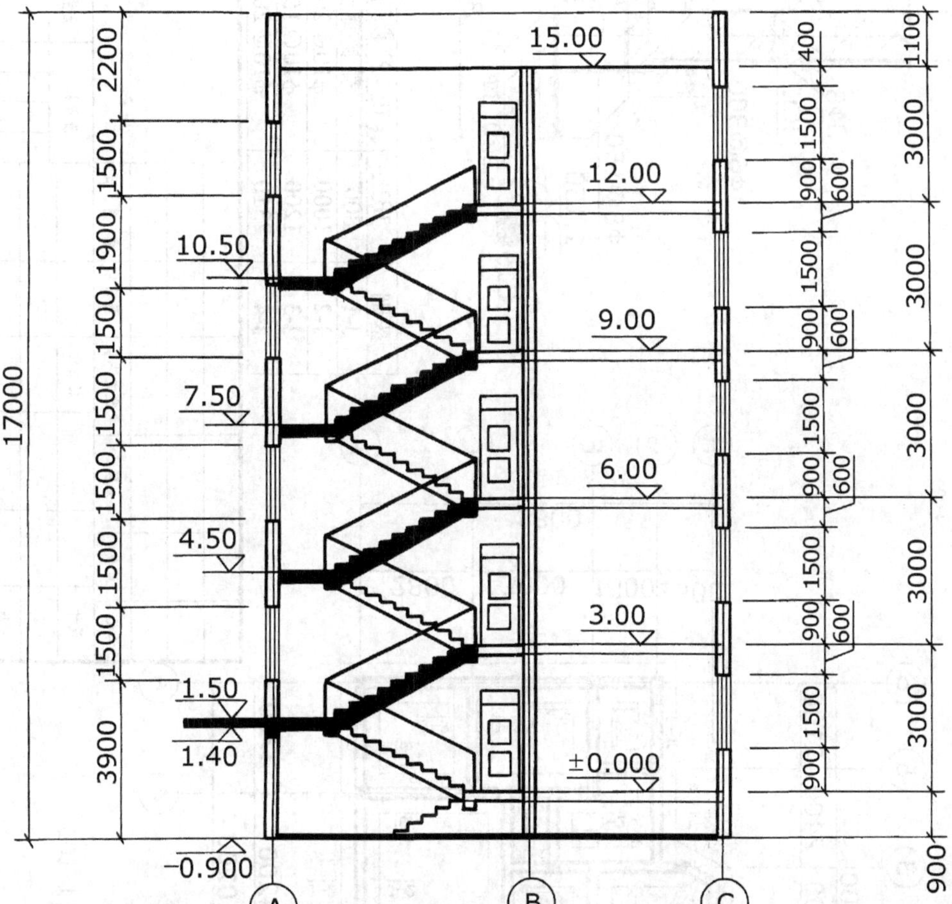

1—1剖面图 1:100

标记	处数	分区	更改文件号	签名	年 月 日	阶段标记	重量	比例	剖面图
设计	(签名)	(年月日)	标准化	(签名)	(年月日)			1:100	
审核									
工艺			批准			共 张 第 张			

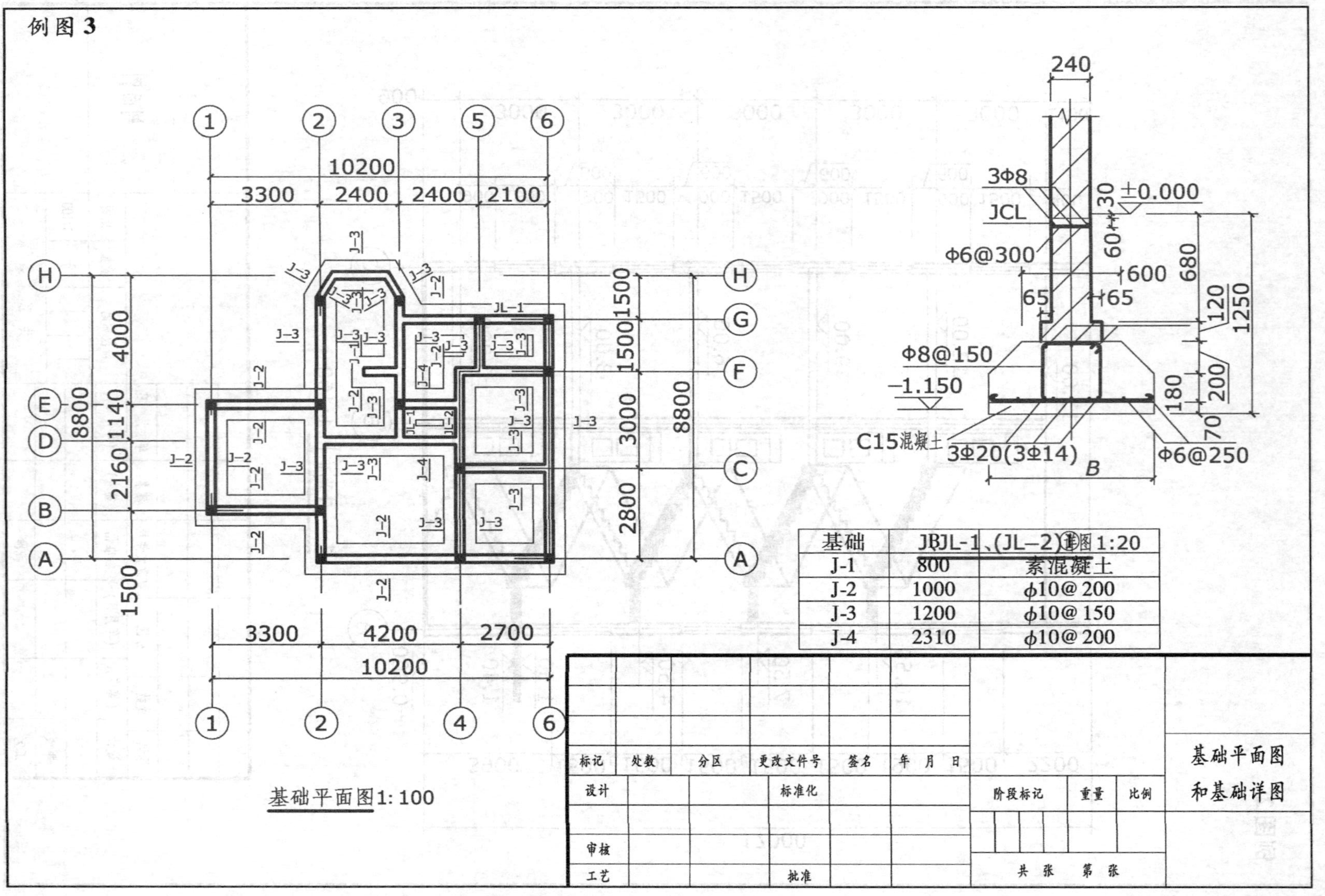

基础	JBJL-1、(JL−2)详图 1:20	
J-1	800	素混凝土
J-2	1000	ϕ10@200
J-3	1200	ϕ10@150
J-4	2310	ϕ10@200

实验十一　绘制三维实体

一、实验目的

1）熟悉三维坐标表示法（0，0，0）、用户坐标系（UCS）的设置。

2）掌握绘制长方体（BOX）、圆柱（CYLINDER）、圆锥（CONE）等形体的方法。

3）掌握编辑立体图形的基本方法（实体拉伸（EXTRUDE）、剖面（SLICE）、并集（UNION）、差集（SUBTRACT）和交集（INTERSECT）等操作）。

二、实验内容

按照本实验给出的例图 1 和例图 2 绘制三维实体。

三、实验步骤

（1）根据例图 1 给出的视图及尺寸，绘制三维实体。

1）启动 AutoCAD，建新图。

2）设置绘图界限。

3）根据例图尺寸，绘制俯视图（绘出矩形，绘出矩形的两条对角线，以对角线的交点为圆心画圆）。

4）调用“长方体（BOX）”命令（调用方式：从命令行输入 BOX；从绘图菜单中选取实体—长方体；单击“实体（Solids）”工具栏的“长方体（BOX）”图标）。

5）打开目标捕捉，选矩形的两对角点，在指定高度（Height）提示下输入长方体的高（正值为向上，负值为向下），输入负值（也可采用其他方法）。

6）调用“圆柱体（CYLINDER）”命令（调用方式同长方体）。

7）在“指定圆柱体底面中心点或［椭圆 E］<0，0，0>：”的提示下捕捉矩形对角线的交点作为圆柱体端面的中心；

之后按提示输入圆柱体的直径或半径；

然后按提示输入圆柱体的高（正值）。

8）设置线框密度（ISolines）为 20，操作如下：

命令：ISolines 回车；

输入 ISOLINES 新值 <4>：20 回车。

9）单击视图菜单中三维视图下的西南等轴测。

10）消隐。输入命令“hide”或单击视图菜单中消隐，消除被遮挡的线段，完成例 1 的三维实体。

11）赋名存盘。

（2）根据例图 2 给出的视图及尺寸，绘制三维实体及剖切图。

1）建新图。

2）设置绘图界限。

3）根据例图尺寸，绘制俯视图（用“PLINE”、“DONUT”命令绘制图形）。

4）用“多义线编辑（PEDIT）”命令将俯视图的最外轮廓连成封闭的多义线，操作方法如下：

命令：输入“PEDIT”或“pe”，回车；

选择多段线：用户可拾取一条多义线、直线或圆弧；

闭合（C）/合并（J）/宽度（W）编辑顶点（E）/拟合（F）/样条曲线（S）/非曲线化（D）/线型生成（L）/放弃（U）：“J”回车；

选择对象：选取多个符合条件的多义线进行连接（这些实体应是首尾相连的），回车。

（注：可以拉伸成三维实体的二维图形包括：闭合多义线（PLINE）、正多边形（POLYGON）、3D 多义线（3DPLOY）、圆（CIRCLE）和椭圆（ELLIPSE））。

5）调用“拉伸（EXTRUDE）”命令，单击绘图菜单中实体下的拉伸，系统出现如下提示：

选择对象：选取被拉伸的二维实体（封闭多义线、三个圆），回车；

指定拉伸高度或［路径（P）］：默认选项为指定高度拉伸，输入高度值（Path 选项为指定路径拉伸）；

指定拉伸倾斜角度<0>：提示用户输入拉伸实体的侧面与垂直方向夹角（-90°~90°），0 则成为柱体。直接回车。

6）设置线框密度（ISOLINES）为 20。

7）单击视图菜单中三维实体下的西南等轴测。

8）求差运算（SUBTRACT）。调用“求差（SUBTRACT）”命令，单击修改菜单中实体编辑下的差集，系统出现如下提示：

选择对象：选取被减的实体（盘），回车或继续选取；

选择对象：选取作为减数的实体（三个圆柱体），回车或继续选取。

9）消隐。

10）切开实体（SLICE）。调用“切开（SLICE）”命令，单击绘图菜单中实体下的剖切，系统出现如下提示：

选择对象：选择要被剖切的实体（盘），回车或继续选取；

指定切面上第一个点，依照对象（O）/Z 轴/视图（V）/XY 平面（XY）/YZ 平面（YZ）/ZX 平面（ZX）/三点（3）］<三点>：默认选项通过三点确定剖切平面，捕捉第一点（第一个圆心）；

指定平面上第二个点：捕捉第二个圆心；

指定平面上第三个点：沿 Z 方向捕捉底面的一个圆心；

在要保留的一侧指定点或［保留两侧（B）］：确定切开实体的保留方式，选择保留两侧（B），输入 B，回车，完成剖切。

11）移开一个实体（MOVE）。调用“移动（MOVE）”命令，单击修改工具栏中的移动命令图标或在命令行输入“M”，回车，系统出现如下提示；

选择对象：选择要移动的实体（盘的前半个或后半个实体）；

指定基点或位移：确定基点（所选实体目标从哪点开始移动，在要移动的半个盘上直接选基点）；

指定位移的第二点或<用第一点作位移>：确定终点（所选实体目标移动到哪个位置，直接在图中确定移动的终点）。

12）消隐。

13）完成全图后赋名存盘，退出 AutoCAD。

例图 1

φ20

30

10

60

40

例图 2

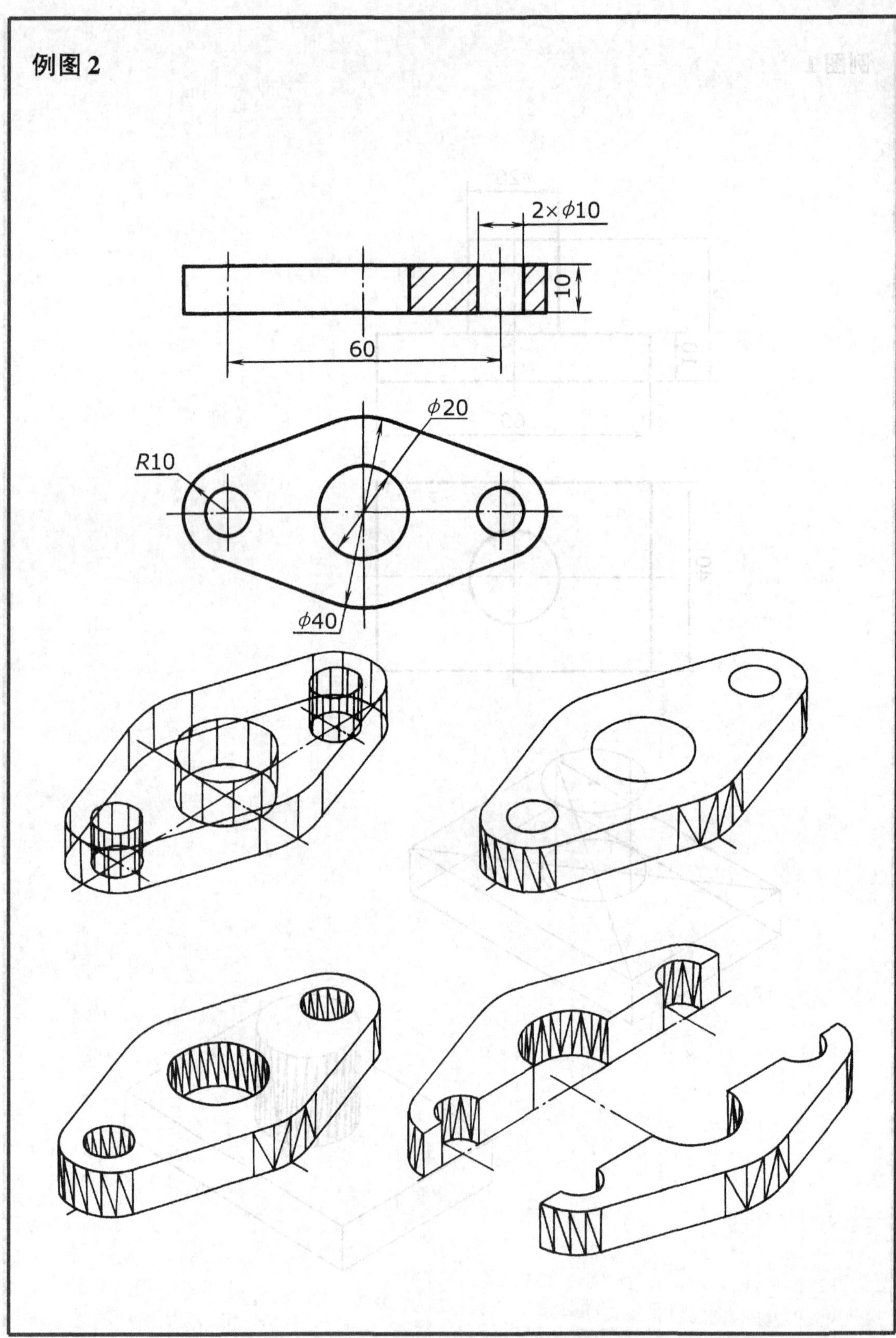

实验十二　综 合 练 习

一、实验目的

通过本次练习，检查学生运用 AutoCAD 绘制机械图样的能力，是否能够掌握 AutoCAD 的基本绘图命令、编辑命令、尺寸标注和文字注释的运用，绘制机械图样的基本设置（符合技术制图国家标准和机械工程 CAD 制图规则国家标准）是否正确，以及是否能掌握精确绘图的各种方法和步骤。

二、实验内容

照原样抄画本实验所示填料压盖零件图或端盖零件图（要求先画出图幅面线、边框线、标题栏；图层、线型、线宽和颜色按照国家标准设置；文字样式的设置、尺寸样式的设置也必须按照国家标准规定；尺寸标注应符合机械制图国家标准规定）。

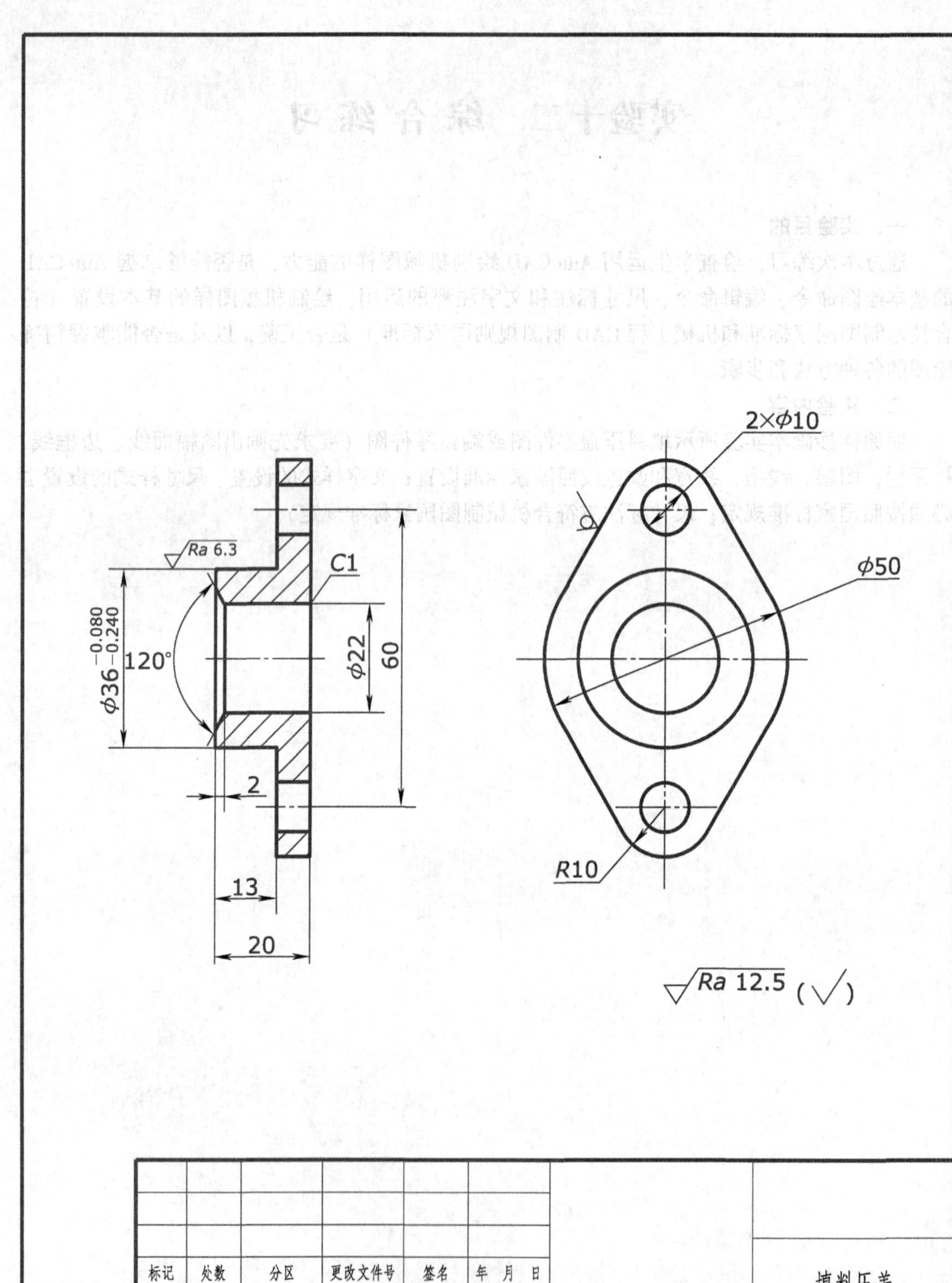
2×φ10
φ50
R10
Ra 6.3
C1
φ36$^{-0.080}_{-0.240}$
120°
φ22
60
2
13
20
Ra 12.5 (√)
标记
处数
分区
更改文件号
签名
年 月 日
设计
标准化
审核
工艺
批准
阶段标记
重量
比例
1:1
共 张 第 张
填料压盖

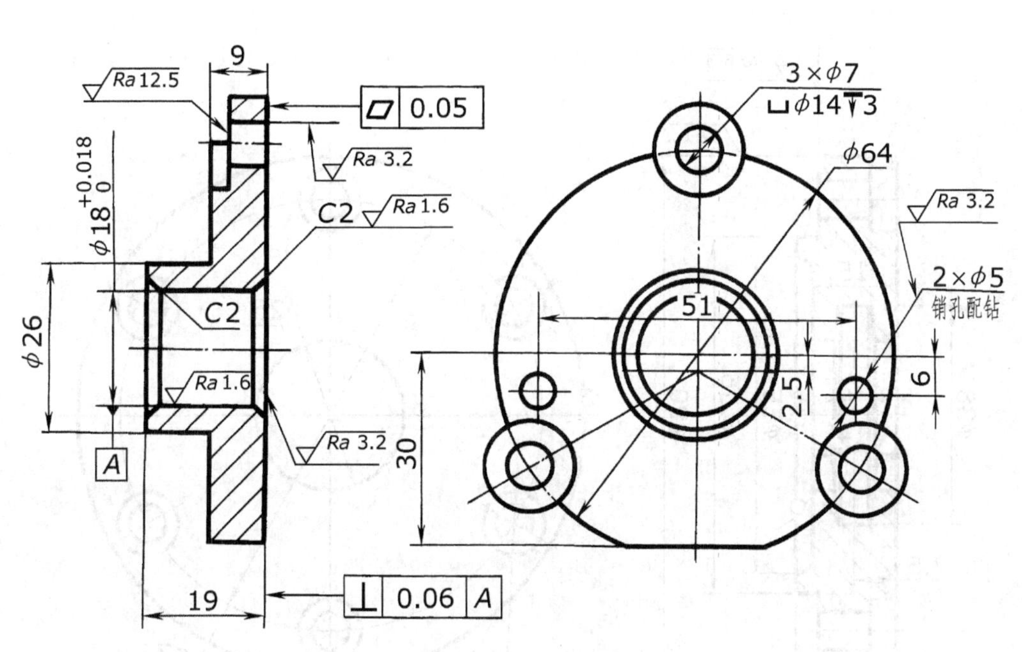

技术要求

1. 铸件不得有裂纹、缩孔等缺陷。
2. 锐边、去毛刺。
3. 非加工表面涂漆。
4. 铸造圆角 $R2\sim R3$。

( )

						HT150			端盖
标记	处数	分区	更改文件号	签名	年 月 日				
设计	(签名)	(年月日)	标准化	(签名)	(年月日)	阶段标记	重量	比例	
								1:1	
审核									
工艺			批准			共 张 第 张			

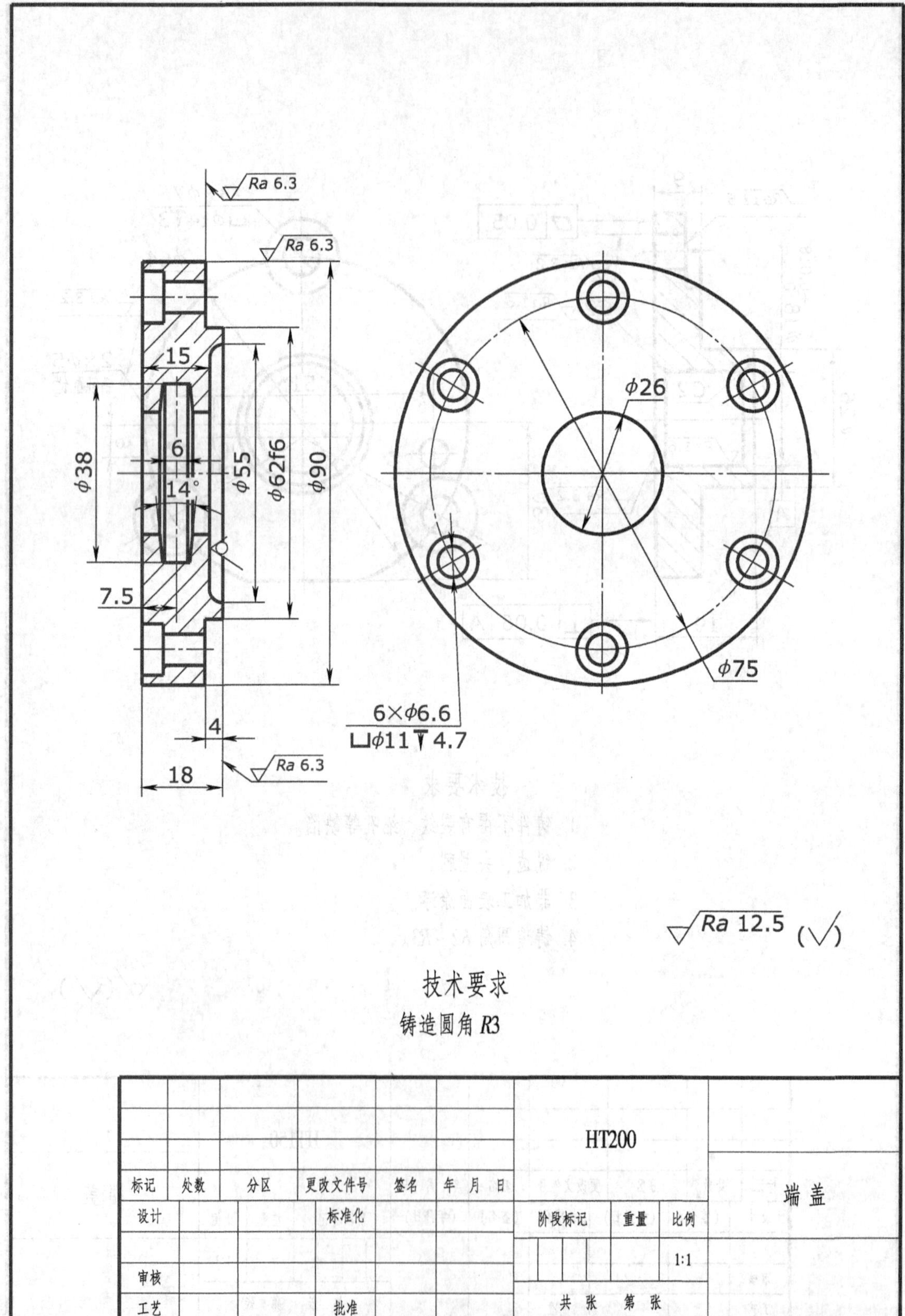

Ra 6.3
Ra 6.3
15
6
14°
ϕ38
ϕ55
ϕ62f6
ϕ90
7.5
4
18
Ra 6.3
ϕ26
ϕ75
6×ϕ6.6
⌴ϕ11↧4.7
Ra 12.5 (√)
技术要求
铸造圆角 R3
HT200
标记
处数
分区
更改文件号
签名
年 月 日
设计
标准化
阶段标记
重量
比例
1:1
审核
工艺
批准
共 张 第 张
端盖

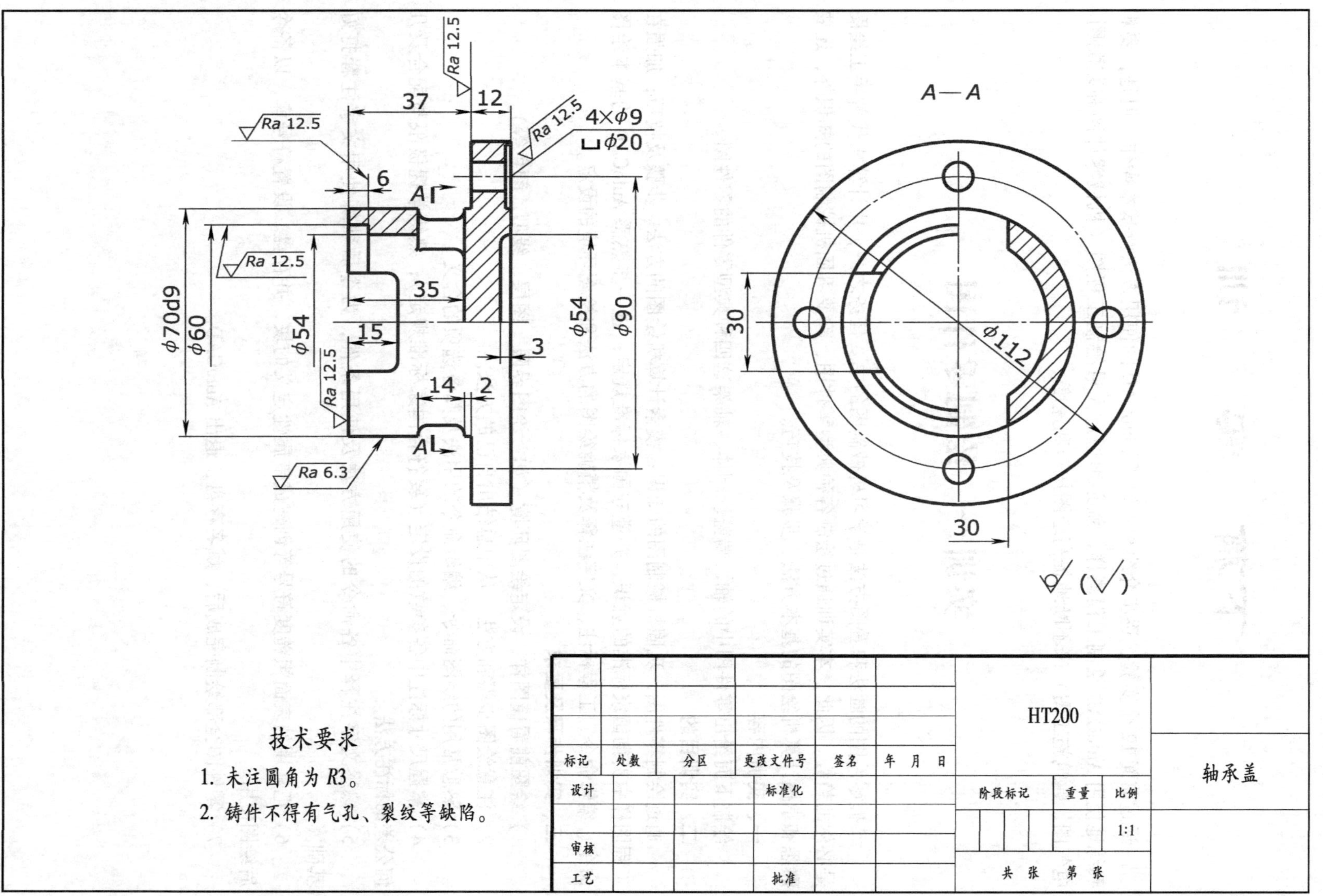

技术要求

1. 未注圆角为 R3。
2. 铸件不得有气孔、裂纹等缺陷。

标记	处数	分区	更改文件号	签名	年 月 日	HT200			轴承盖
设计			标准化			阶段标记	重量	比例	
								1:1	
审核									
工艺			批准			共 张 第 张			

下篇　实　训

通过前面12个实验，逐步介绍和了解了AutoCAD的使用方法及基本操作。但是，要想熟练地使用AutoCAD绘制工程图样，就必须通过大量绘制工程图（机械零件图和装配图、电气图、建筑施工图）来不断地提高绘图技巧和速度。

实训一　绘制零件图

掌握零件图的画法和看图方法是学习机械制图的主要任务之一，用计算机代替手工绘图是必然的趋势。因此，本实训通过绘制各种典型零件图，除要巩固机械制图的知识外，还要熟悉和掌握计算机绘图的基本方法、步骤及技巧。

一、实训内容

绘制下面给出零件图中的轴、端盖、阀体、轴架这四种典型零件的零件图。

二、实训目的

通过绘制零件图，巩固机械制图的知识；摸索计算机绘图的方法、步骤及技巧；加强在工程图样中贯彻国家标准的意识，并遵守国家标准规定；进一步熟悉AutoCAD的基本绘图命令、编辑命令、工程标注、文字注释及精确绘图的方法和绘图环境的设定。

三、实训步骤及要求

1）绘图前看懂图样，设定绘图环境（如：绘图界限、图层、线型、颜色等）。

2）注意绘图步骤和方法，从中总结出自己的方法。

3）熟悉常用的绘图命令、编辑命令的用法及其各选项的含义。

4）掌握尺寸标注中各参数的设定（要符合国家标准规定）；熟练掌握极限与配合及几何公差的标注方法。

5）熟悉文字注释中各命令的使用方法及使用条件，为今后熟练使用文字注释打好基础。

6）把常用的表面粗糙度符号等创建成带属性定义的块，并存盘、设置符号库，以备今后绘图使用。

7）零件图全部绘制完成后，赋名存盘，退出AutoCAD。

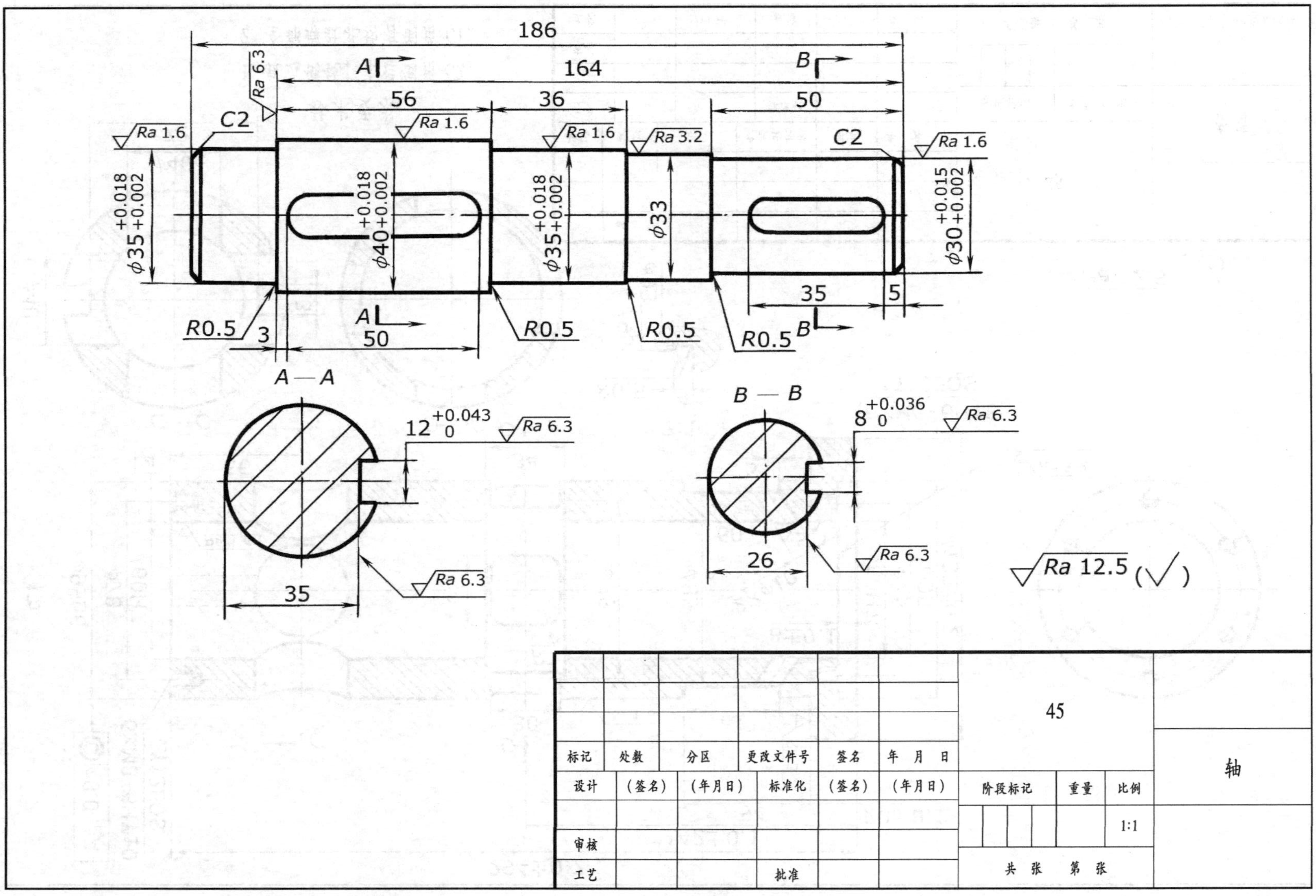

186
164
56
36
50
C2
Ra 1.6
Ra 3.2
Ra 6.3
φ35+0.018 +0.002
φ40+0.018 +0.002
φ35+0.018 +0.002
φ33
φ30+0.015 +0.002
35
5
3
R0.5
A
B
A—A
B—B
12 +0.043 0
8 +0.036 0
35
26
Ra 12.5 (√)
45
轴
标记
处数
分区
更改文件号
签名
年月日
设计
(签名)
(年月日)
标准化
(签名)
(年月日)
阶段标记
重量
比例
1:1
审核
工艺
批准
共 张 第 张

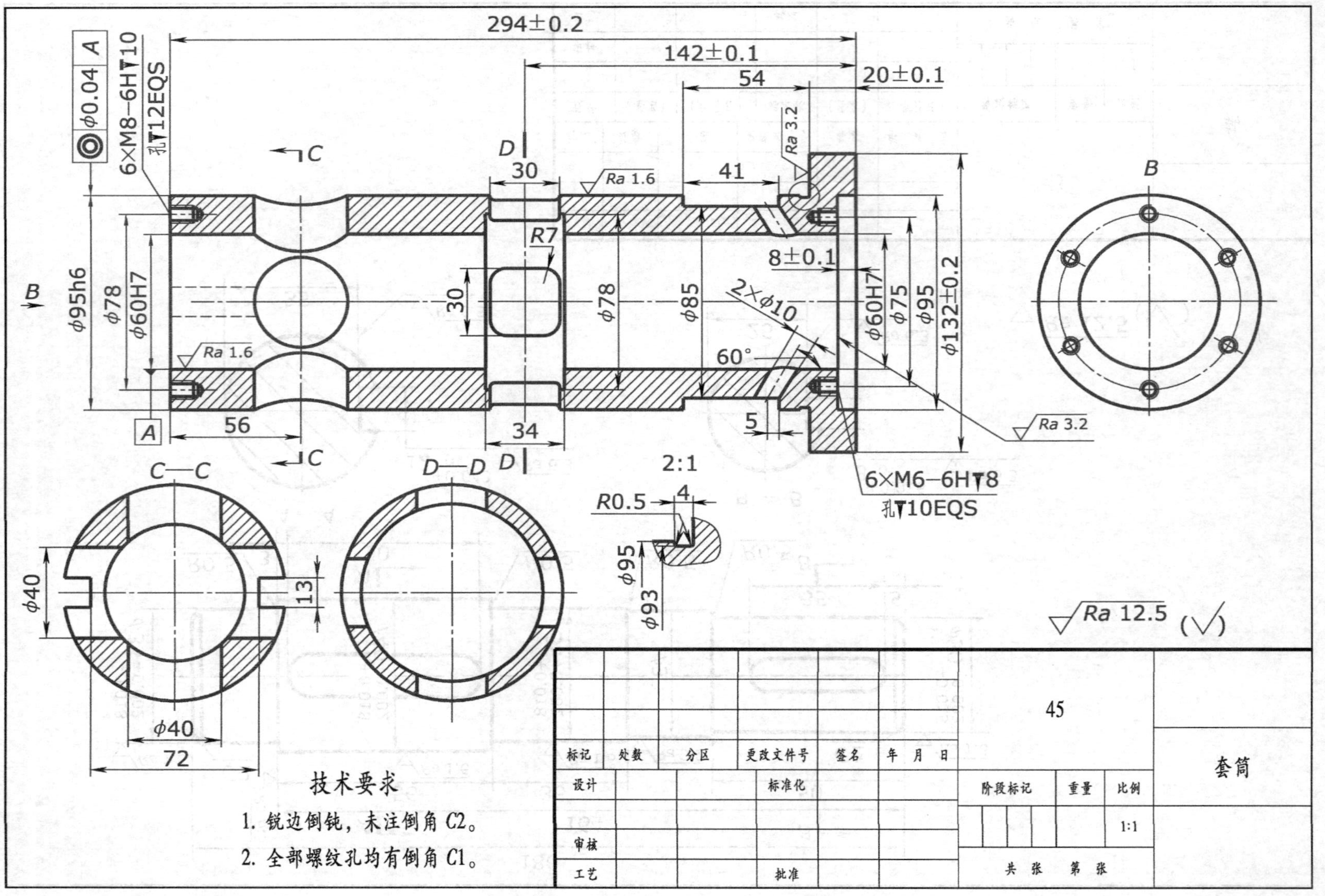
294±0.2
142±0.1
54
20±0.1
φ0.04 A
6×M8−6H▼10
孔▼12EQS
C
D
30
Ra 1.6
41
Ra 3.2
B
R7
8±0.1
2×φ10
φ95h6
φ78
φ60H7
30
φ78
φ85
φ60H7
φ75
φ95
φ132±0.2
60°
Ra 1.6
A
56
34
5
Ra 3.2
C—C
D—D
2:1
6×M6−6H▼8
孔▼10EQS
R0.5
4
φ95
φ93
φ40
13
φ40
72
Ra 12.5 (√)
技术要求
1. 锐边倒钝，未注倒角 C2。
2. 全部螺纹孔均有倒角 C1。
45
套筒
标记 处数 分区 更改文件号 签名 年 月 日
设计 标准化
审核
工艺 批准
阶段标记 重量 比例
1:1
共 张 第 张

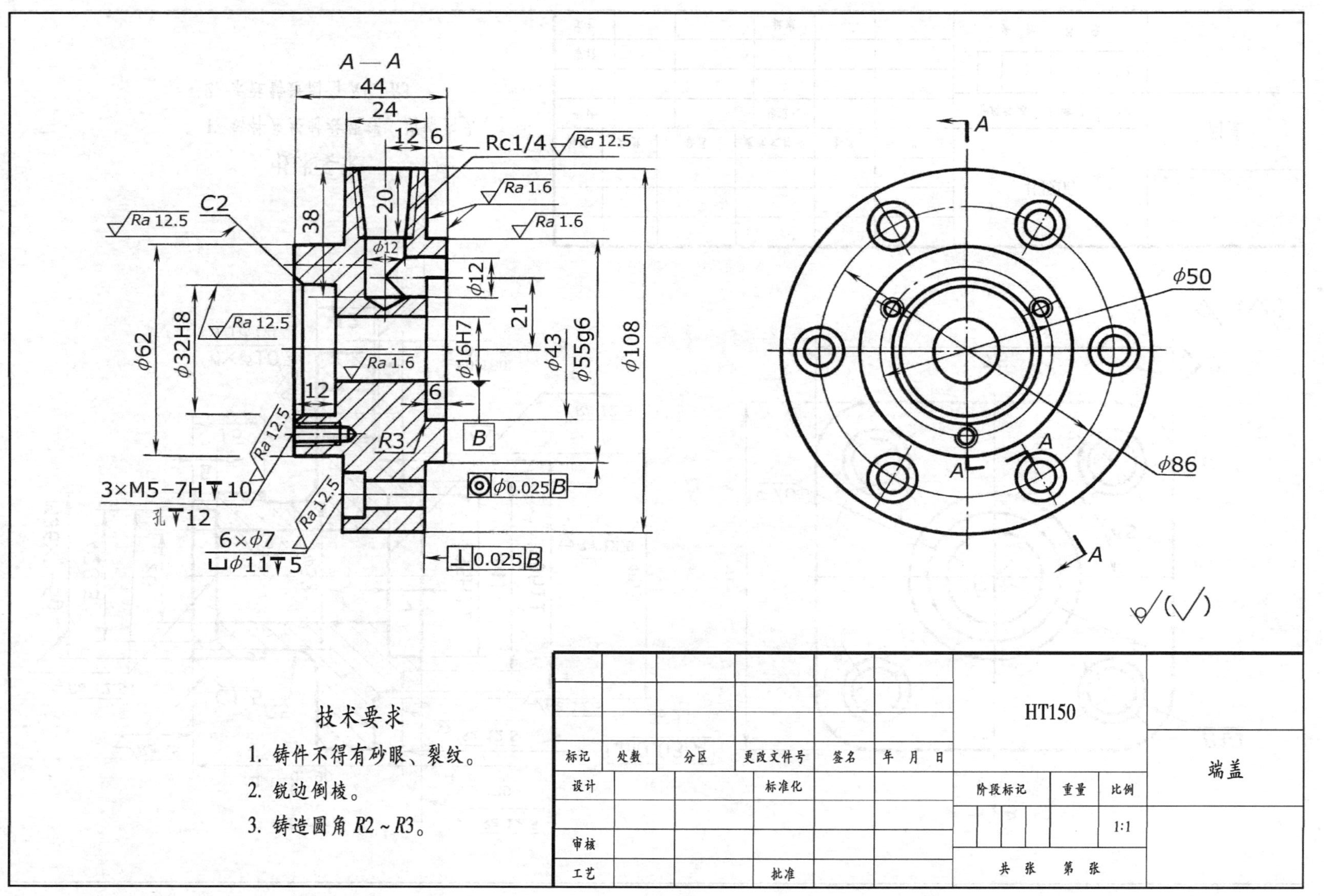
A—A
44
24
12 6
Rc1/4
Ra 12.5
Ra 1.6
Ra 1.6
C2
Ra 12.5
38
20
ϕ12
ϕ12
21
ϕ62
ϕ32H8
Ra 12.5
ϕ16H7
Ra 1.6
ϕ43
ϕ55g6
ϕ108
12
6
Ra 12.5
R3
B
3×M5-7H▼10
孔▼12
Ra 12.5
ϕ0.025 B
6×ϕ7
⊔ϕ11▼5
⊥0.025 B
A
ϕ50
A
A
ϕ86
A
技术要求
1. 铸件不得有砂眼、裂纹。
2. 锐边倒棱。
3. 铸造圆角 R2～R3。
HT150
端盖
1:1

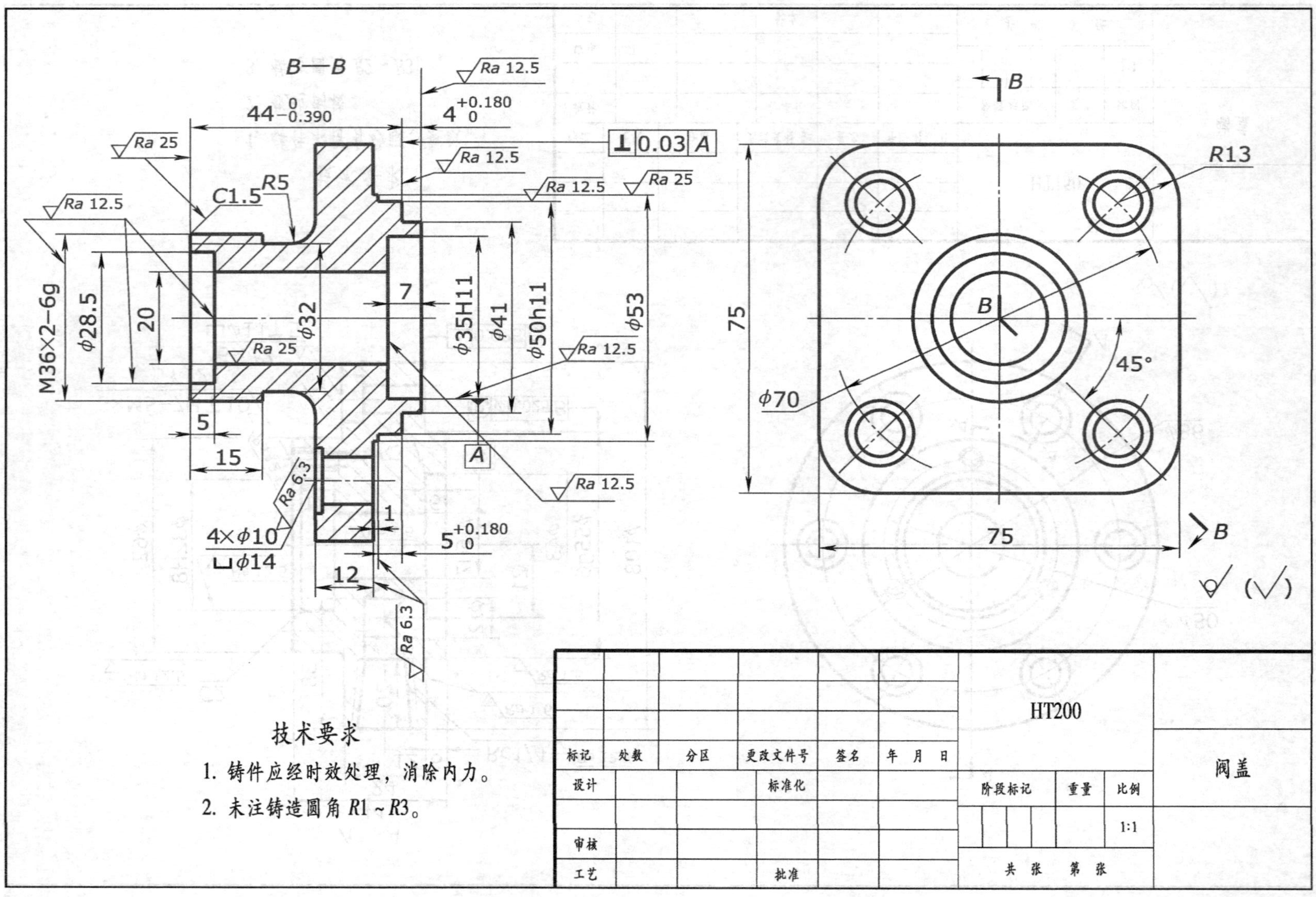

B—B
$44^{0}_{-0.390}$
$4^{+0.180}_{0}$
⊥ 0.03 A
Ra 12.5
Ra 25
C1.5
R5
M36×2-6g
φ28.5
20
φ32
7
φ35H11
φ41
φ50h11
φ53
A
5
15
4×φ10
⌴φ14
1
12
$5^{+0.180}_{0}$
Ra 6.3
R13
75
φ70
45°
B
(√)
技术要求
1. 铸件应经时效处理，消除内力。
2. 未注铸造圆角 R1 ~ R3。
HT200
阀盖
标记
处数
分区
更改文件号
签名
年 月 日
设计
标准化
阶段标记
重量
比例
1:1
审核
工艺
批准
共 张 第 张

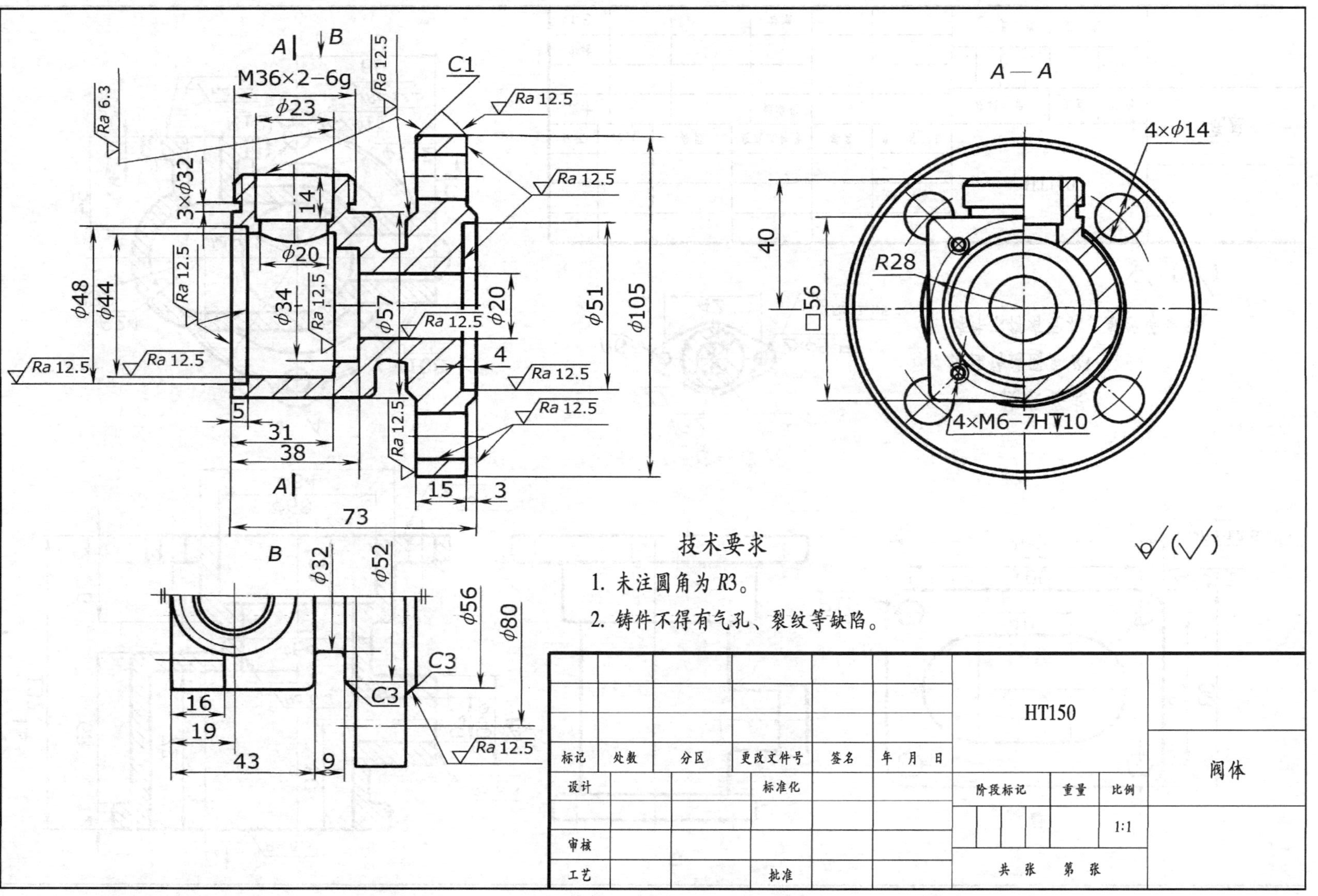
A—A
M36×2-6g
C1
4×ϕ14
4×M6-7H▼10
R28
□56
40
ϕ105
ϕ51
ϕ48
ϕ44
ϕ34
ϕ20
ϕ23
ϕ57
3×ϕ32
73
38
31
15
Ra 6.3
Ra 12.5
B
ϕ32
ϕ52
ϕ56
ϕ80
C3
16
19
43
9
技术要求
1. 未注圆角为R3。
2. 铸件不得有气孔、裂纹等缺陷。
HT150
阀体
标记 处数 分区 更改文件号 签名 年 月 日
设计 标准化 阶段标记 重量 比例
1:1
审核
工艺 批准 共 张 第 张

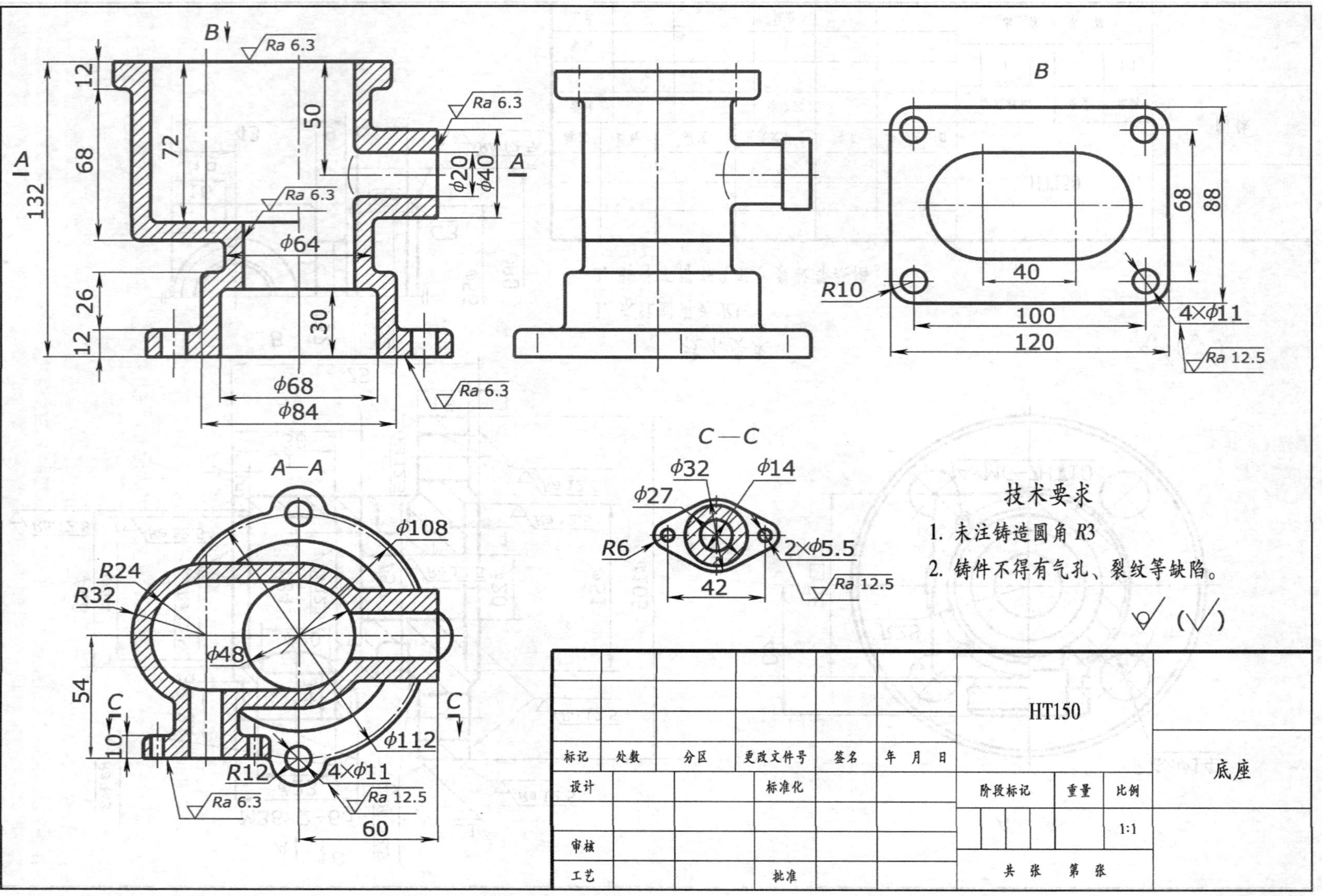

B
Ra 6.3
12
68
132
72
50
A
ϕ20
ϕ40
A
Ra 6.3
ϕ64
26
12
30
ϕ68
ϕ84
Ra 6.3
B
68
88
40
R10
100
120
4×ϕ11
Ra 12.5
A—A
ϕ108
R24
R32
ϕ48
54
C
10
C
ϕ112
R12
4×ϕ11
Ra 12.5
Ra 6.3
60
C—C
ϕ32
ϕ14
ϕ27
R6
2×ϕ5.5
42
Ra 12.5
技术要求
1. 未注铸造圆角 R3
2. 铸件不得有气孔、裂纹等缺陷。
(√)
HT150
底座
标记
处数
分区
更改文件号
签名
年
月
日
设计
标准化
阶段标记
重量
比例
1:1
审核
工艺
批准
共 张
第 张

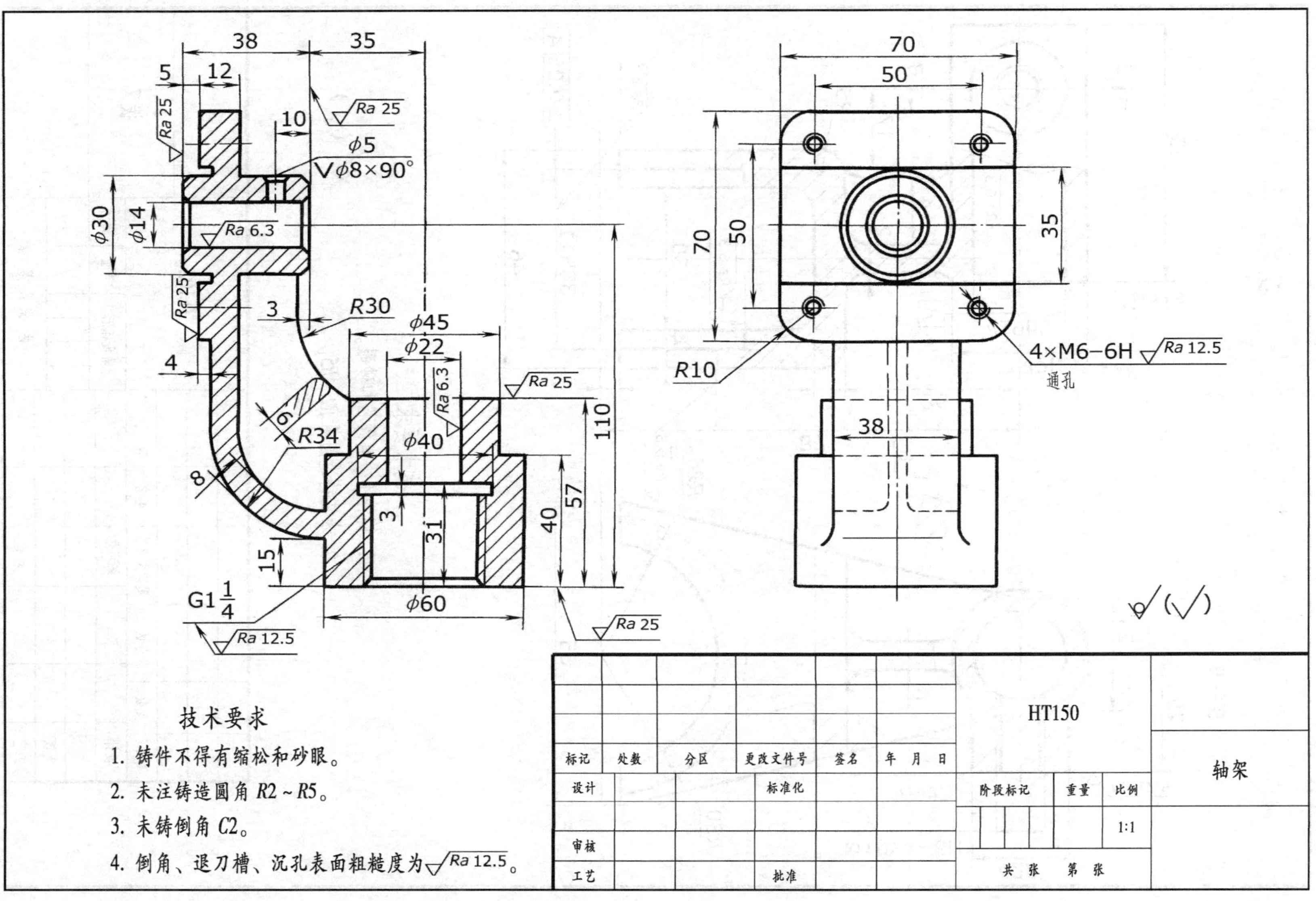

技术要求

1. 铸件不得有缩松和砂眼。
2. 未注铸造圆角 R2 ~ R5。
3. 未铸倒角 C2。
4. 倒角、退刀槽、沉孔表面粗糙度为 Ra 12.5。

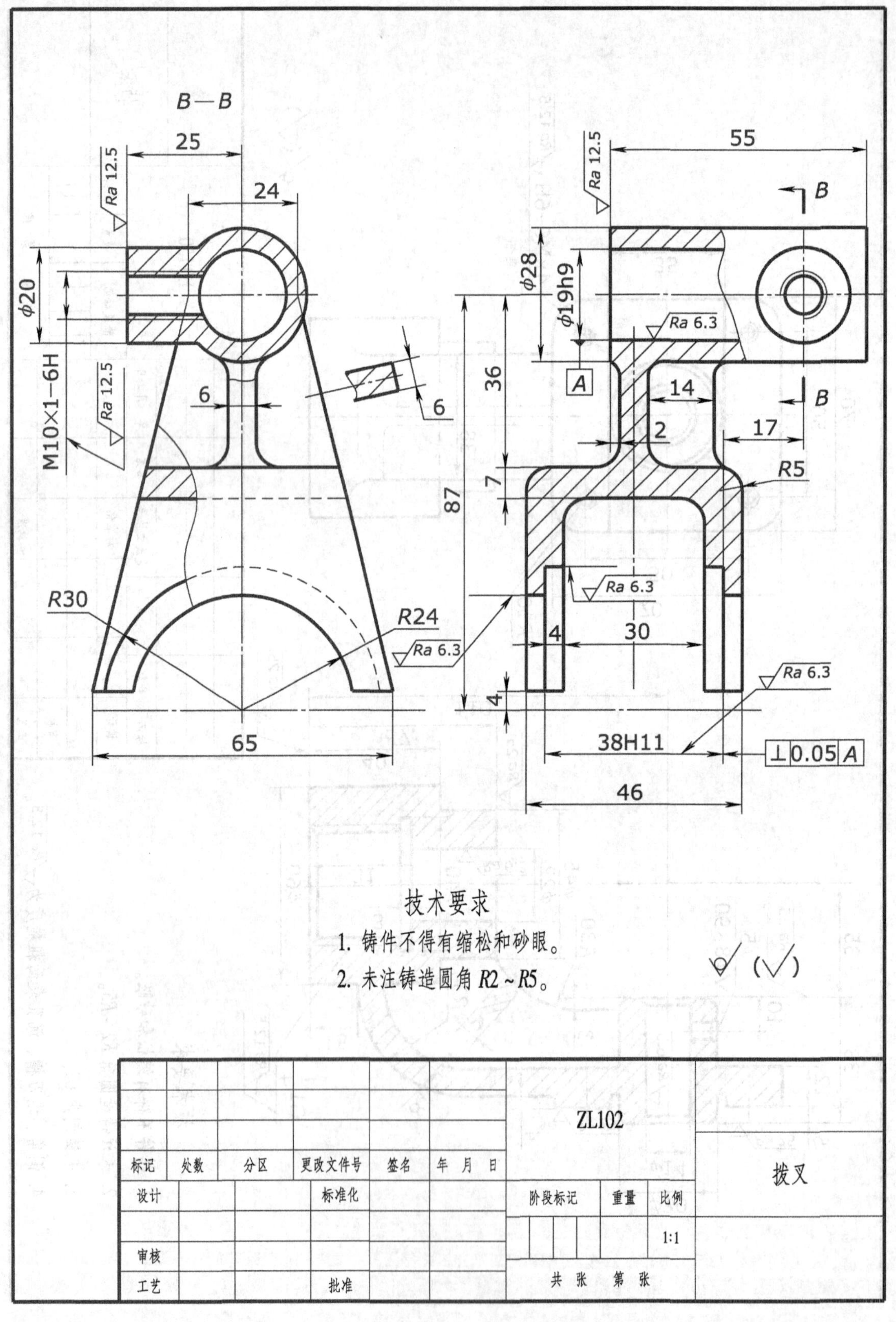
B—B
25
24
Ra 12.5
φ20
M10×1-6H
Ra 12.5
6
6
R30
R24
Ra 6.3
65
55
Ra 12.5
B
B
φ28
φ19h9
Ra 6.3
A
36
14
2
17
R5
7
87
Ra 6.3
4
30
4
Ra 6.3
38H11
⊥0.05 A
46
技术要求
1. 铸件不得有缩松和砂眼。
2. 未注铸造圆角 R2 ~ R5。
(√)
ZL102
拨叉
标记
处数
分区
更改文件号
签名
年 月 日
设计
标准化
阶段标记
重量
比例
1:1
审核
工艺
批准
共 张 第 张

实训二　绘制电路图

一、实训内容

绘制控制电路图和触发电路图。选绘温度继电器电路图。

二、实训目的

1）通过绘制电路图，掌握绘制电路图的规律、方法和技巧。

2）摸索制作符号库。利用块的功能（创建块、定义块的属性、块插入、块存盘），简化绘图过程。

3）掌握文字样式的设置，文字注释的方法和文字注释使用命令的选择。

三、实训步骤及要求

1）看懂图样，进入 AutoCAD，设置绘图环境。

2）注意绘图方法和步骤，确立自己的绘图方法和步骤。

3）注意块功能的使用，建立电气图符号库。

4）注意掌握文字注释的方法及各命令的不同点，恰当地选用。

5）注意图形布局合理、排列均匀，图面清晰。

6）先绘线框图，利用块插入的方法依次绘制电器元件，最后注写元器件代号。

7）图形绘制完成后，赋名存盘，退出 AutoCAD。

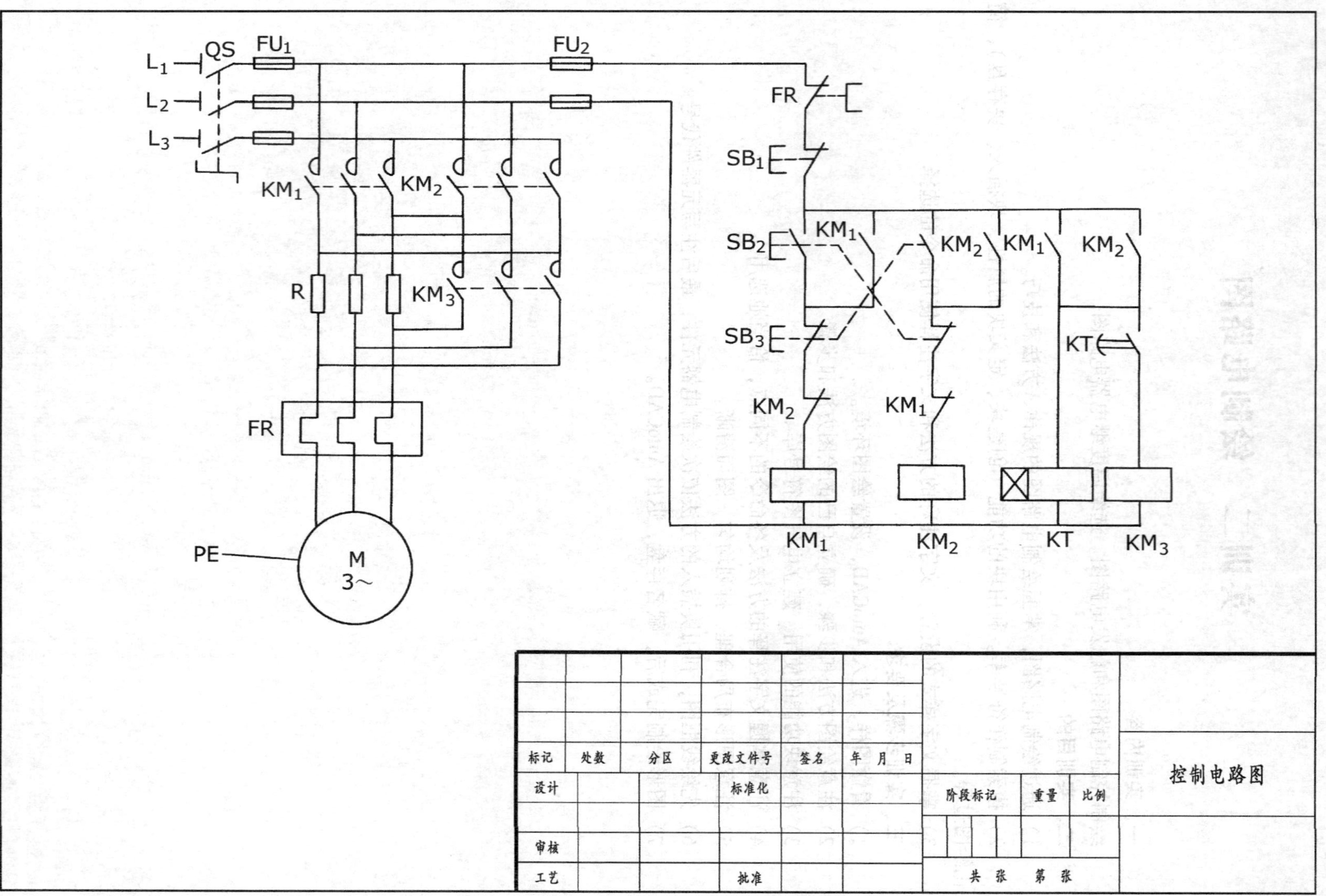
L1
L2
L3
QS
FU1
FU2
KM1
KM2
KM3
R
FR
M
3~
PE
SB1
SB2
SB3
KT
控制电路图
标记
处数
分区
更改文件号
签名
年 月 日
设计
标准化
审核
工艺
批准
阶段标记
重量
比例
共 张
第 张

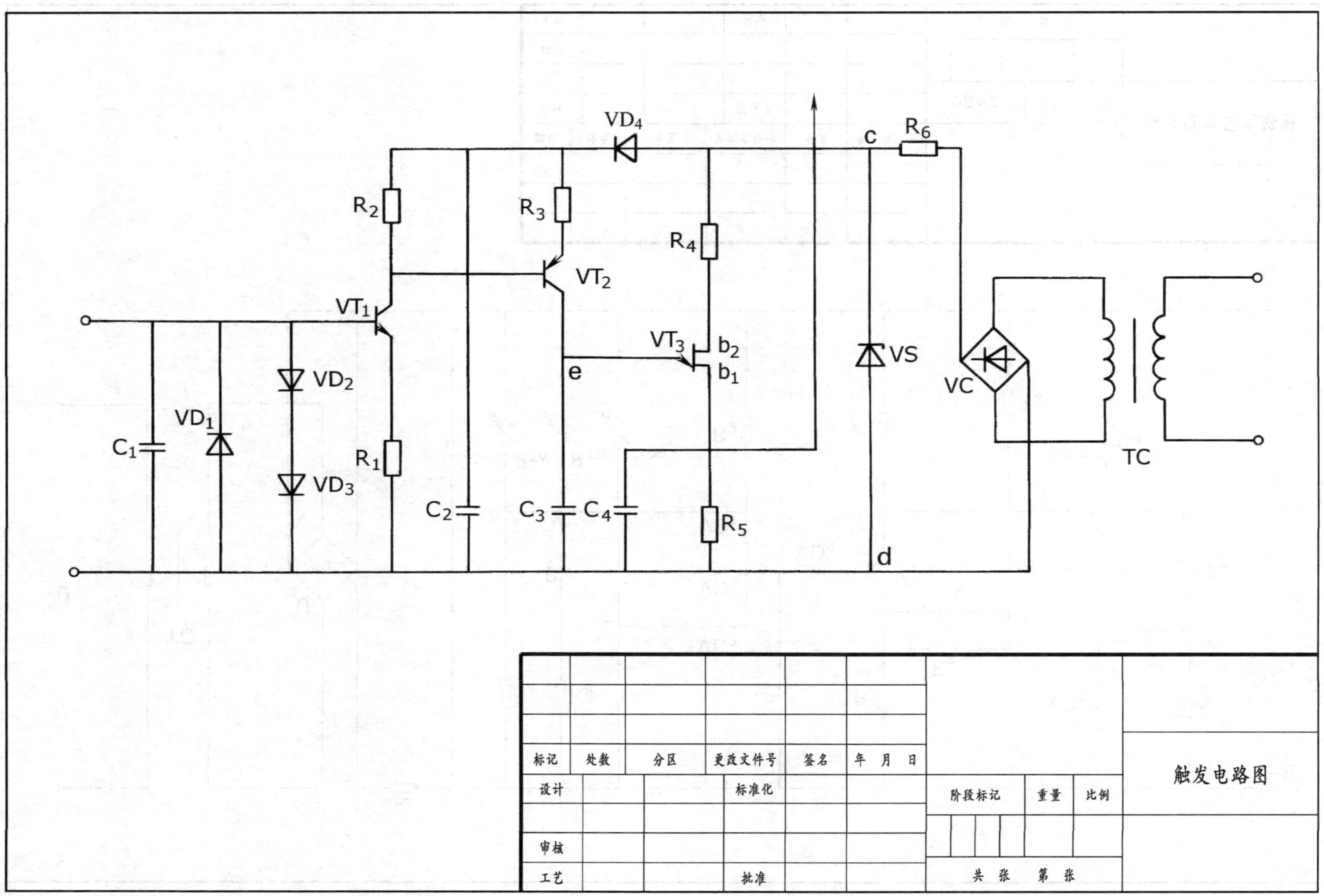

VD4
c
R6
R2
R3
R4
VT2
VT1
VT3
b2
b1
e
VS
VC
VD2
VD1
C1
R1
VD3
TC
C2
C3
C4
R5
d
标记
处数
分区
更改文件号
签名
年 月 日
设计
标准化
审核
工艺
批准
阶段标记
重量
比例
共 张 第 张
触发电路图

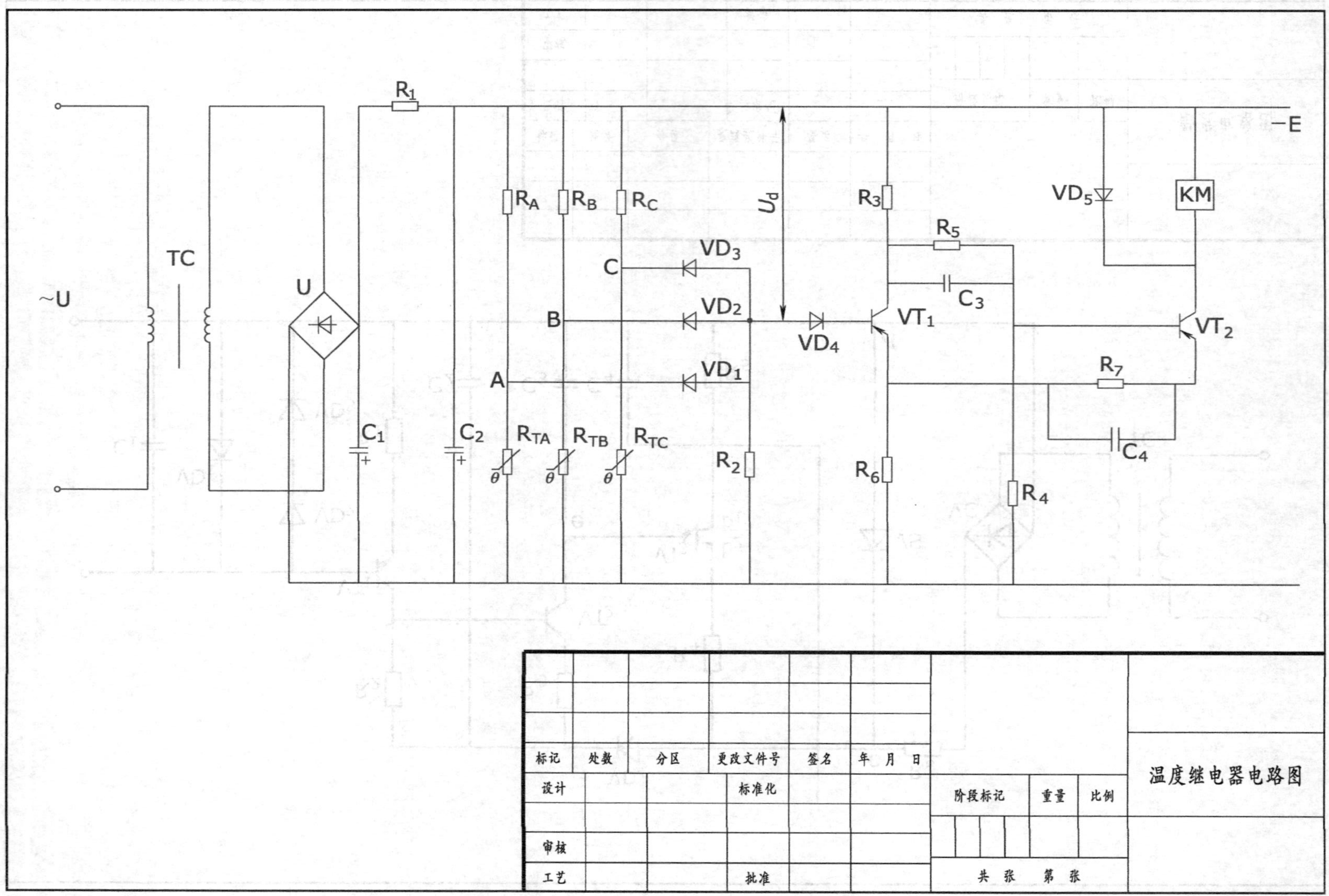
~U
TC
U
R_1
C_1
C_2
R_A
R_B
R_C
R_{TA}
R_{TB}
R_{TC}
C
B
A
VD_3
VD_2
VD_1
R_2
U_d
VD_4
R_3
R_5
C_3
VT_1
R_6
R_4
R_7
C_4
VD_5
KM
VT_2
−E
标记 处数 分区 更改文件号 签名 年 月 日
设计 标准化
审核
工艺 批准
阶段标记 重量 比例
共 张 第 张
温度继电器电路图

实训三　绘制千斤顶装配图

掌握装配图的画图和看图的方法是学习机械制图的主要任务之一，而用计算机绘制装配图，与绘制零件图有着很大的不同，因此，有必要进行绘制装配图的训练。

本教材提供了三套部件装配图的实训内容，可根据不同的专业和实训时间的长短选择部分或全部内容进行学习。

一、实训内容

绘制给出零件图中的千斤顶的装配图。

二、实训目的

通过绘制千斤顶装配图，掌握装配图的绘制方法，熟悉用 AutoCAD 绘图的方法和技巧。练习图形文件之间的调用和插入的方法。

三、实训步骤及要求

1）看懂千斤顶装配图，进入 AutoCAD，设置绘图环境。

2）绘制千斤顶各零件图，并进行编号、存盘。

3）建新图，设置绘图环境（建图层、线型、线宽、颜色，设置文字样式、尺寸样式），绘制图幅和边框、标题栏和明细栏，存为样板文件以备后用。

4）布图。在点画线层定位。

5）按照绘制千斤顶装配图的顺序逐一进行装配（利用绘制好的千斤顶零件图在图形文件之间复制、插入逐一装配或在同一显示屏上绘制简单零件图的视图用旋转和移动命令进行装配）。注意各图形之间比例关系的统一。

6）对各零件图进行修改（判别可见性、剖面符号的正确处理等）。

7）很小的简单零件可直接在装配图中画出。

8）标注必要的尺寸。

9）编写零件序号，注写技术要求。

10）填写标题栏和明细栏。

11）千斤顶装配图全部绘制完成后，赋名存盘，退出 AutoCAD。

注意：

1）掌握好图形文件之间的调用和插入方法。

2）国家标准：图样简化画法（GB/T 16675.1）中规定，装配图中可省略螺栓、螺母、销等紧固件的投影，而用点画线和指引线指明它们的位置。在装配图中，零件的倒角、圆角、凹坑、凸台、沟槽、滚花、刻线以及其他细节可不画出。因此，画装配图时应注意国家标准中的规定。

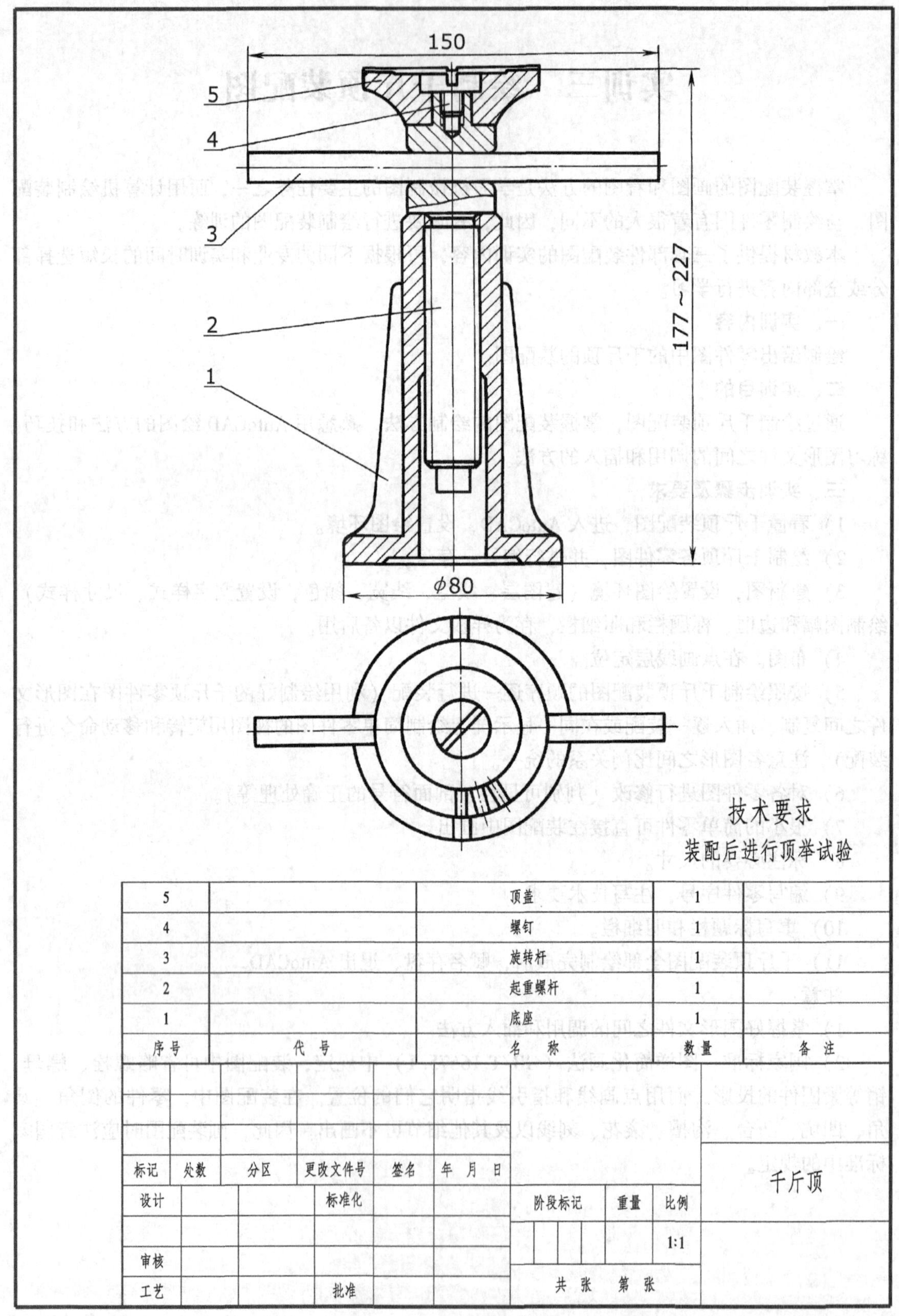
150
5
4
3
2
1
177～227
ϕ80
技术要求
装配后进行顶举试验
5 顶盖 1
4 螺钉 1
3 旋转杆 1
2 起重螺杆 1
1 底座 1
序号 代号 名称 数量 备注
标记 处数 分区 更改文件号 签名 年 月 日
设计 标准化
审核
工艺 批准
阶段标记 重量 比例
1:1
共 张 第 张
千斤顶

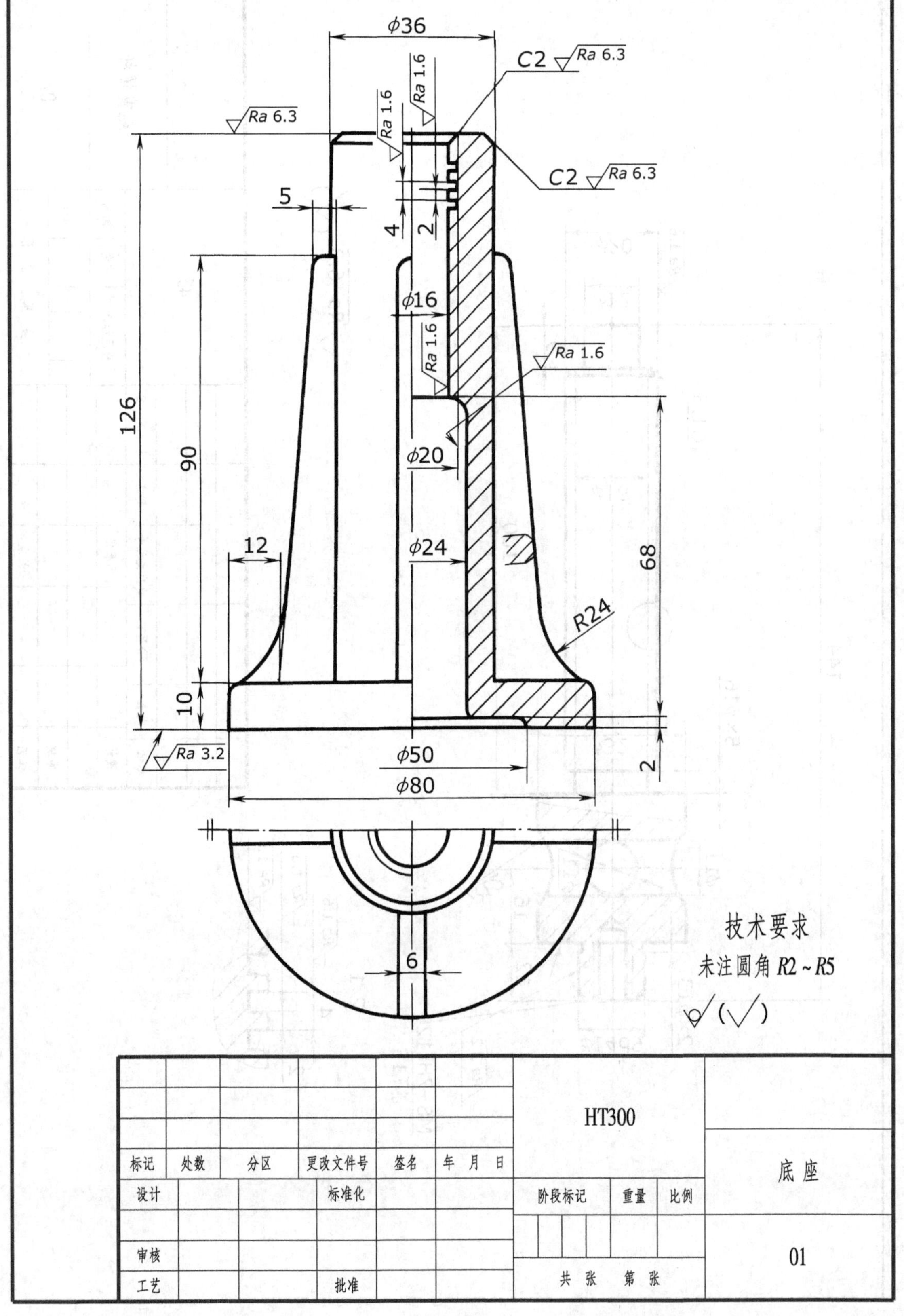

φ36
C2 Ra 6.3
Ra 1.6
Ra 6.3
5
4
2
φ16
Ra 1.6
126
90
φ20
12
φ24
68
R24
10
Ra 3.2
φ50
φ80
2
6
技术要求
未注圆角 R2 ~ R5
HT300
标记 处数 分区 更改文件号 签名 年 月 日
设计 标准化
阶段标记 重量 比例
审核
工艺 批准
共 张 第 张
底座
01

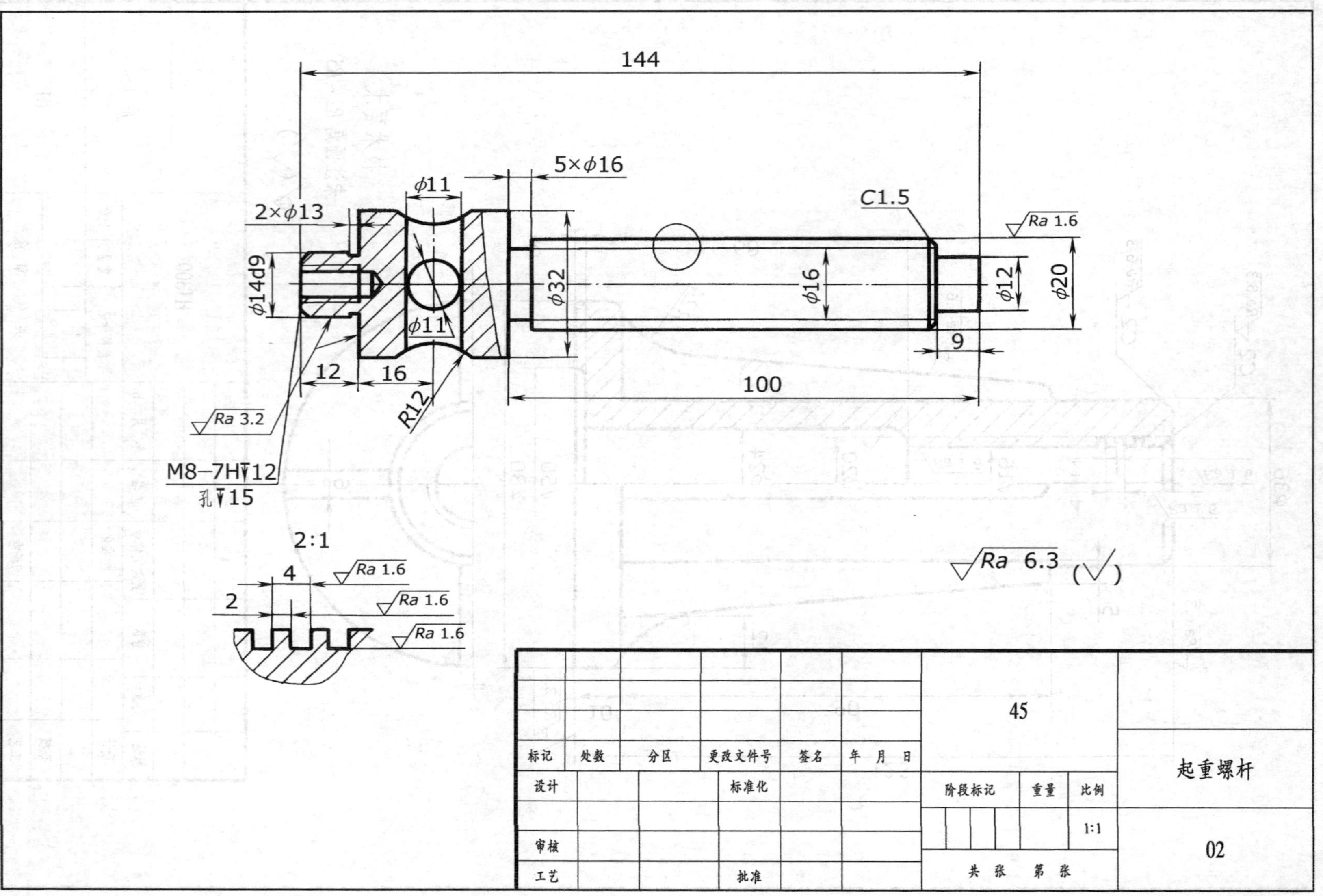
144
5×φ16
φ11
2×φ13
C1.5
Ra 1.6
φ14d9
φ32
φ16
φ12
φ20
φ11
9
12
16
100
R12
Ra 3.2
M8−7H▼12
孔▼15
2:1
4
Ra 1.6
2
Ra 1.6
Ra 1.6
Ra 6.3 (√)
45
标记
处数
分区
更改文件号
签名
年 月 日
设计
标准化
阶段标记
重量
比例
1:1
审核
工艺
批准
共 张 第 张
起重螺杆
02

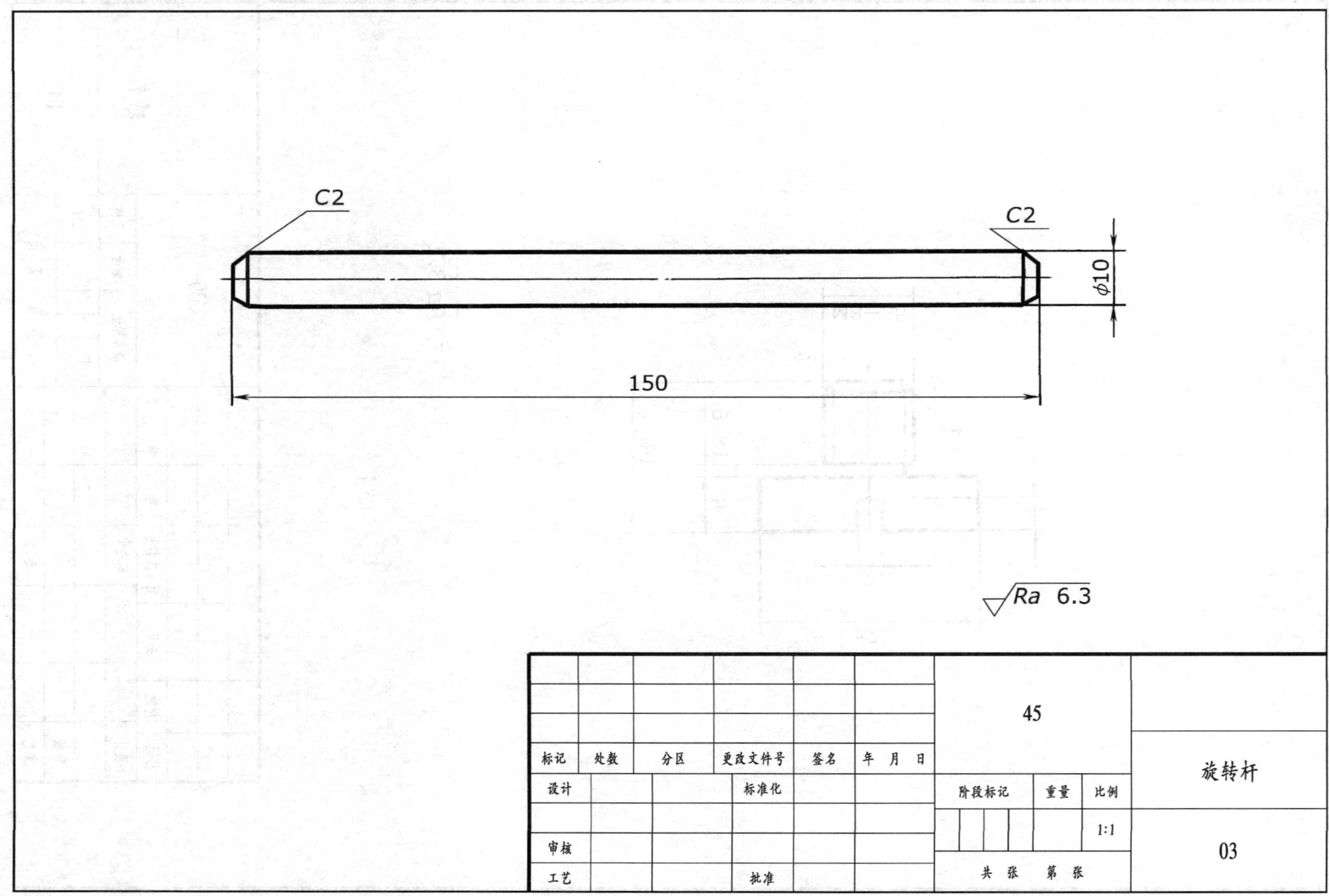

C2
C2
φ10
150
Ra 6.3
45
旋转杆
标记
处数
分区
更改文件号
签名
年 月 日
设计
标准化
阶段标记
重量
比例
1:1
03
审核
工艺
批准
共 张 第 张

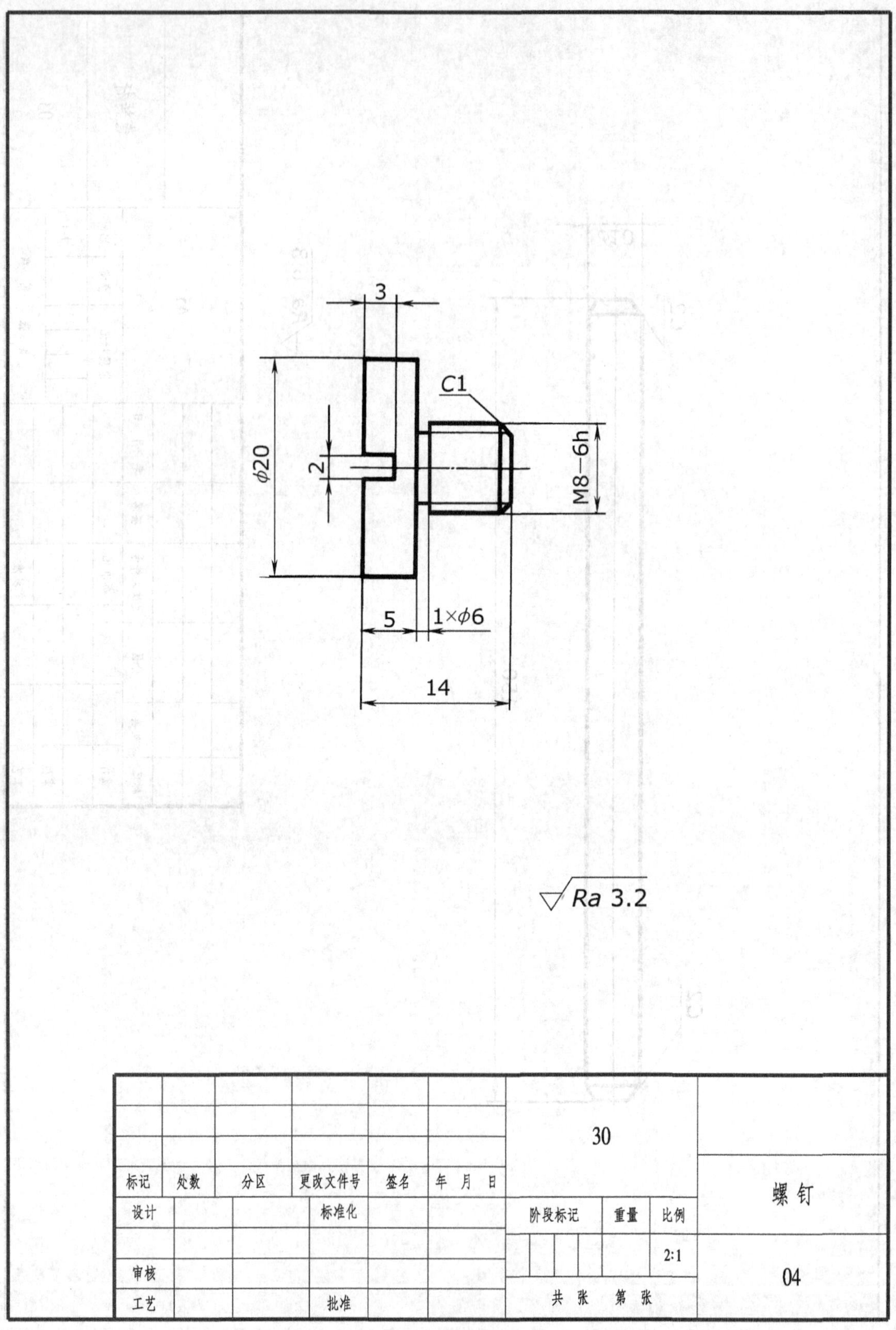

3
C1
φ20
2
M8—6h
5
1×φ6
14
Ra 3.2
30
螺钉
04
标记 处数 分区 更改文件号 签名 年 月 日
设计 标准化
阶段标记 重量 比例
2:1
审核
工艺 批准
共 张 第 张

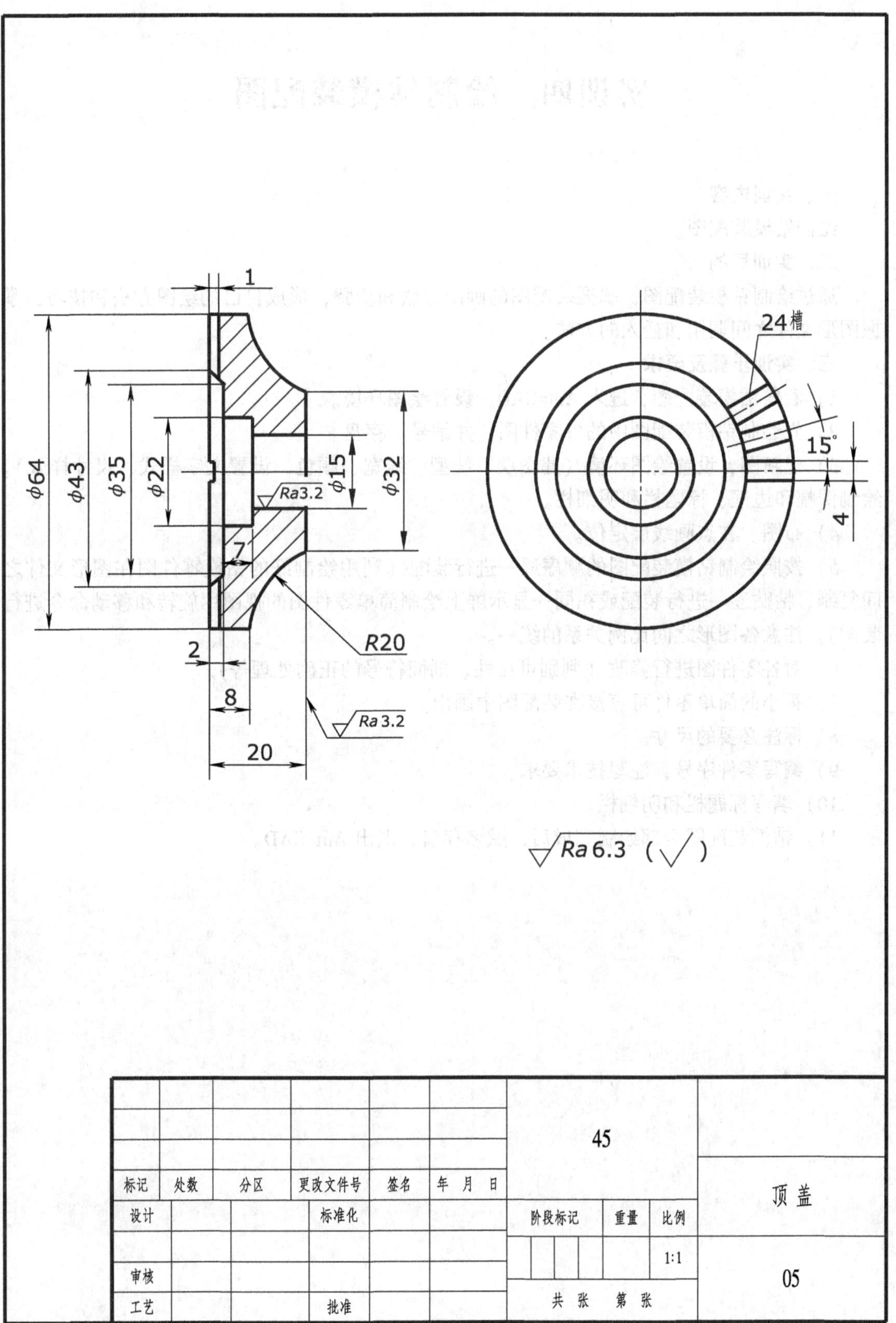

1
24槽
15°
4
φ64
φ43
φ35
φ22
φ15
φ32
Ra3.2
7
R20
2
8
Ra 3.2
20
Ra 6.3 (√)
45
标记
处数
分区
更改文件号
签名
年 月 日
设计
标准化
阶段标记
重量
比例
1:1
审核
工艺
批准
共 张 第 张
顶盖
05

实训四　绘制钻模装配图

一、实训内容

绘制钻模装配图。

二、实训目的

通过绘制钻模装配图，掌握装配图的画图方法和步骤，形成自己的绘图方法和技巧，掌握图形文件之间调用和插入的方法。

三、实训步骤及要求

1）看懂钻模装配图，进入 AutoCAD，设置绘图环境。

2）先绘制钻模装配图中的各零件图，并编号、存盘。

3）建新图，设置绘图环境（建图层、线型、线宽、颜色，设置文字样式、尺寸样式）。绘制图幅和边框、标题栏和明细栏。

4）布图。在点画线层定位。

5）按照绘制钻模装配图的顺序逐一进行装配（利用绘制好的钻模零件图在图形文件之间复制、粘贴逐一进行装配或在同一显示屏上绘制简单零件图的视图用旋转和移动命令进行装配）。注意各图形之间比例关系的统一。

6）对各零件图进行修改（判别可见性、剖面符号的正确处理等）。

7）很小的简单零件可直接在装配图中画出。

8）标注必要的尺寸。

9）编写零件序号，注写技术要求。

10）填写标题栏和明细栏。

11）钻模装配图全部绘制完成后，赋名存盘，退出 AutoCAD。

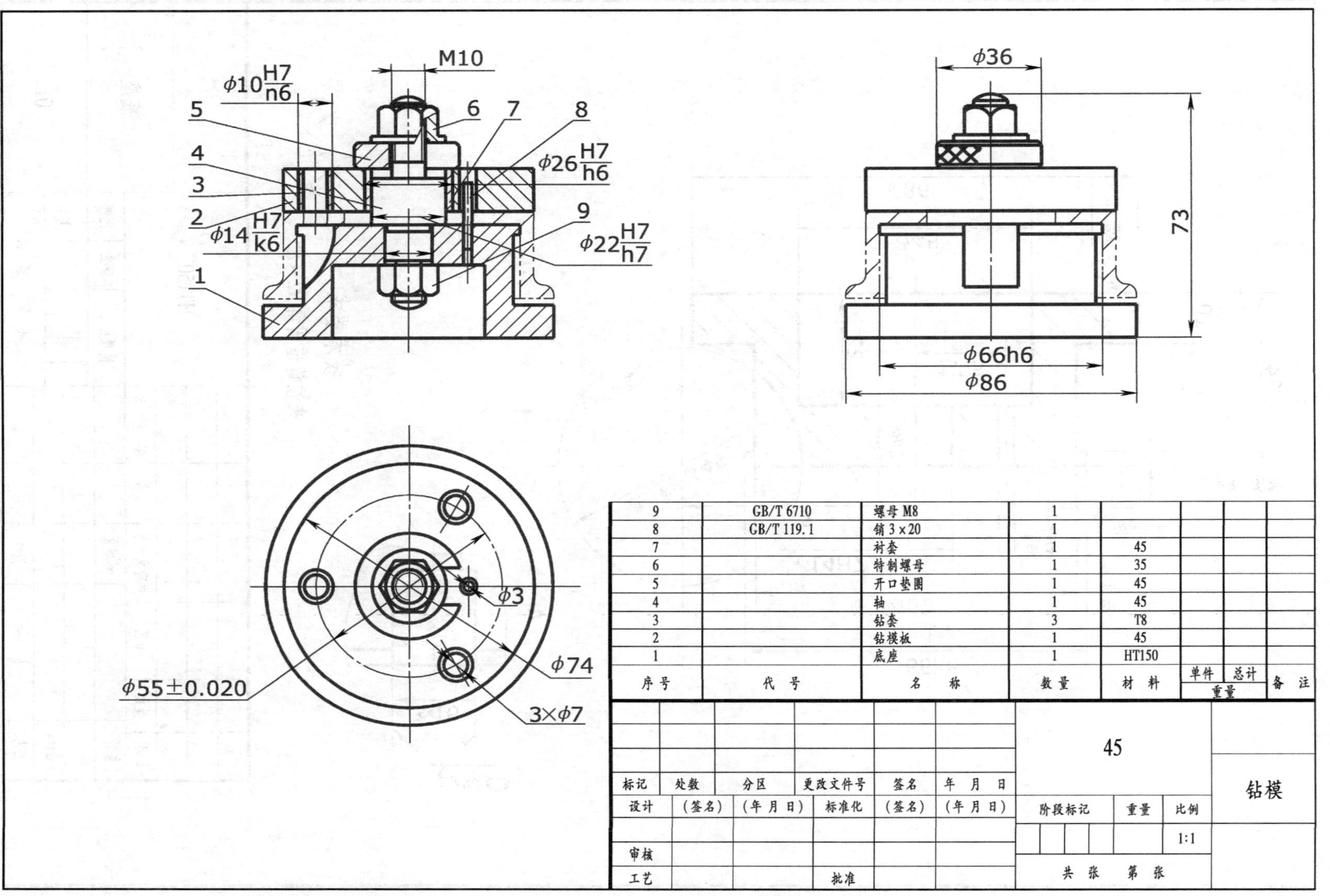

序号	代号	名称	数量	材料	单件重量	总计重量	备注
9	GB/T 6710	螺母 M8	1				
8	GB/T 119.1	销 3×20	1				
7		衬套	1	45			
6		特制螺母	1	35			
5		开口垫圈	1	45			
4		轴	1	45			
3		钻套	3	T8			
2		钻模板	1	45			
1		底座	1	HT150			

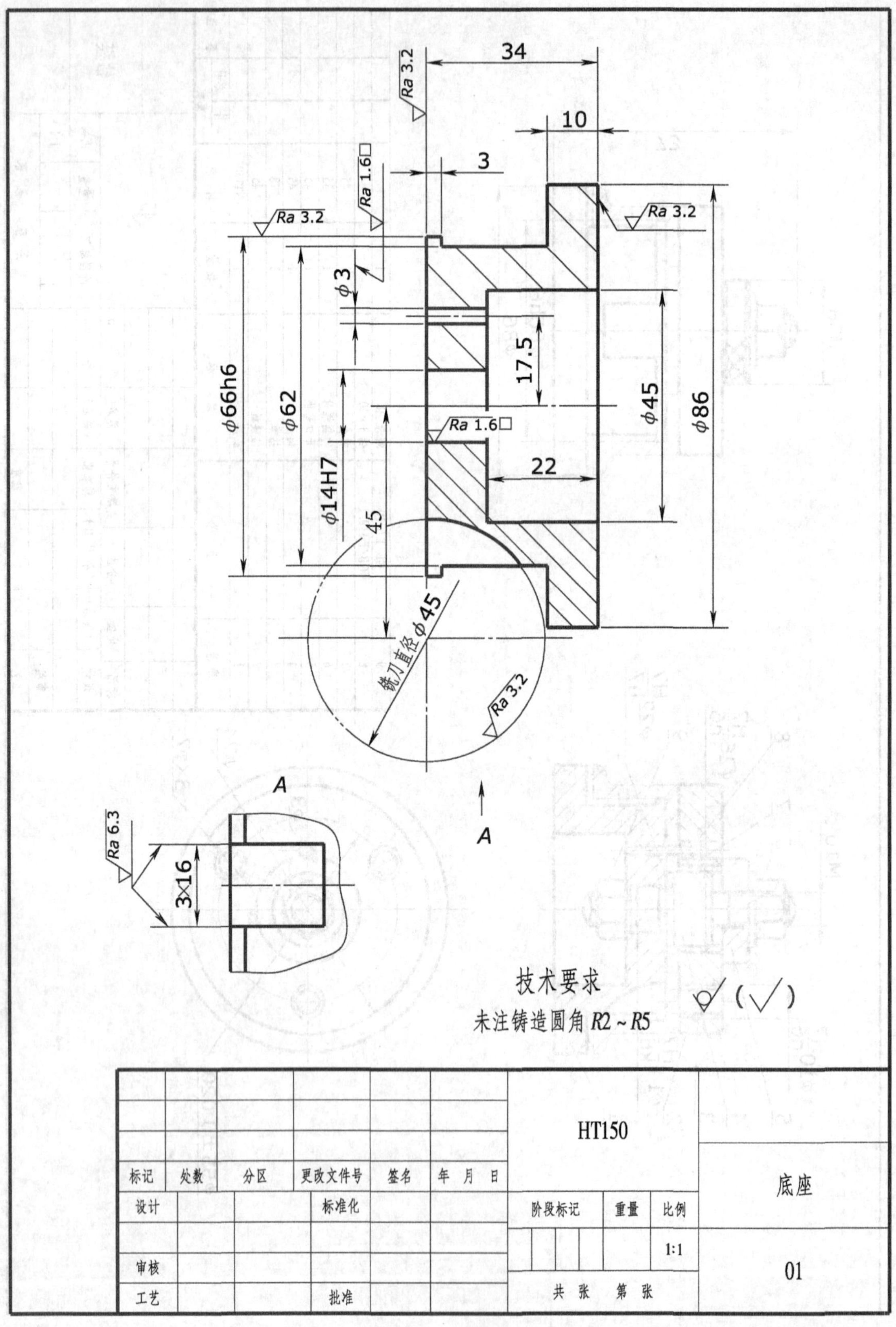

						HT150			底座
标记	处数	分区	更改文件号	签名	年 月 日				
设计			标准化			阶段标记	重量	比例	
								1:1	01
审核									
工艺			批准			共 张 第 张			

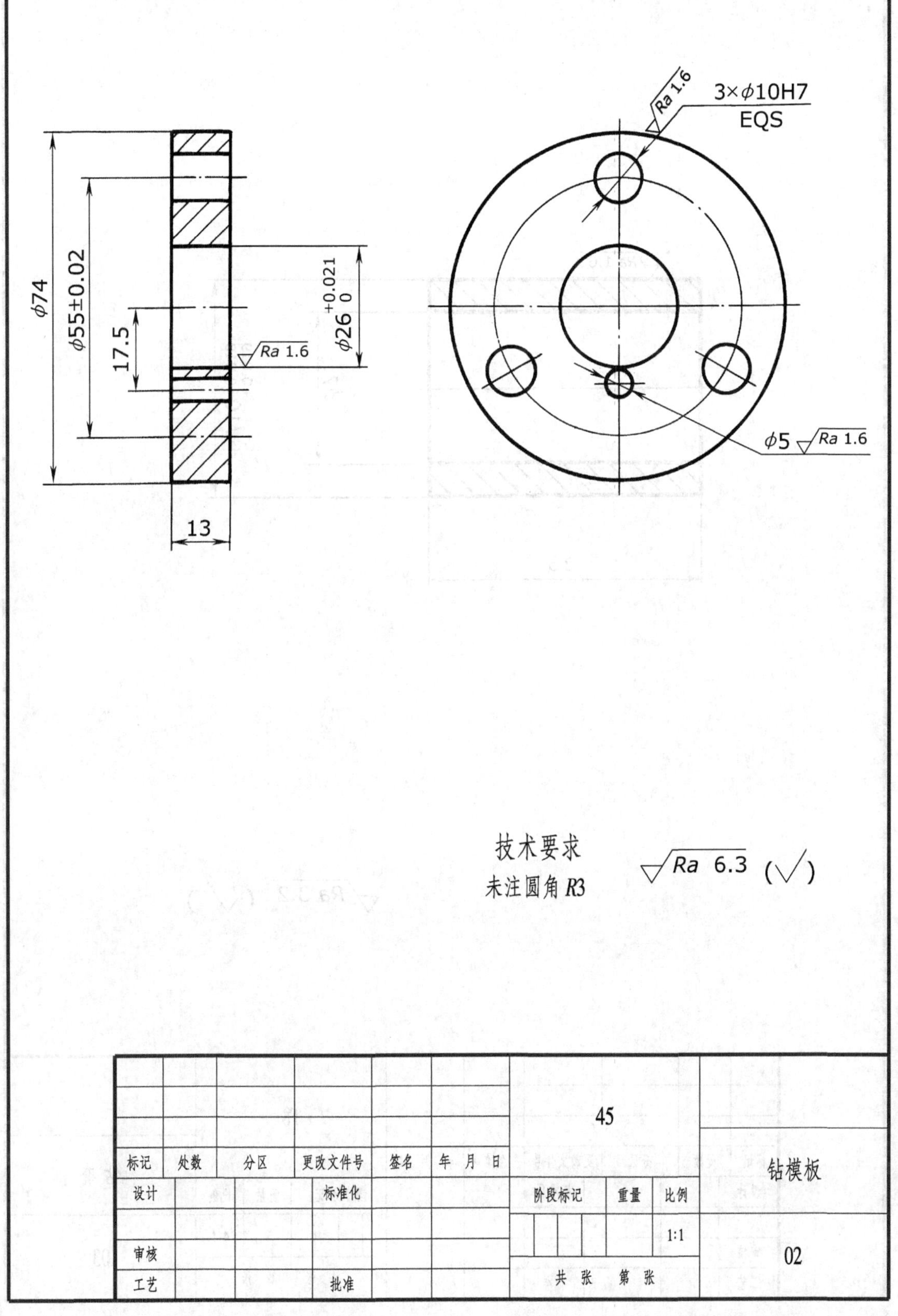

3×ϕ10H7
EQS
Ra 1.6
ϕ74
ϕ55±0.02
17.5
Ra 1.6
$\phi26^{+0.021}_{0}$
13
ϕ5 Ra 1.6
技术要求
未注圆角R3
Ra 6.3 (√)
45
钻模板
标记 处数 分区 更改文件号 签名 年 月 日
设计 标准化
阶段标记 重量 比例
1:1
审核
工艺 批准
共 张 第 张
02

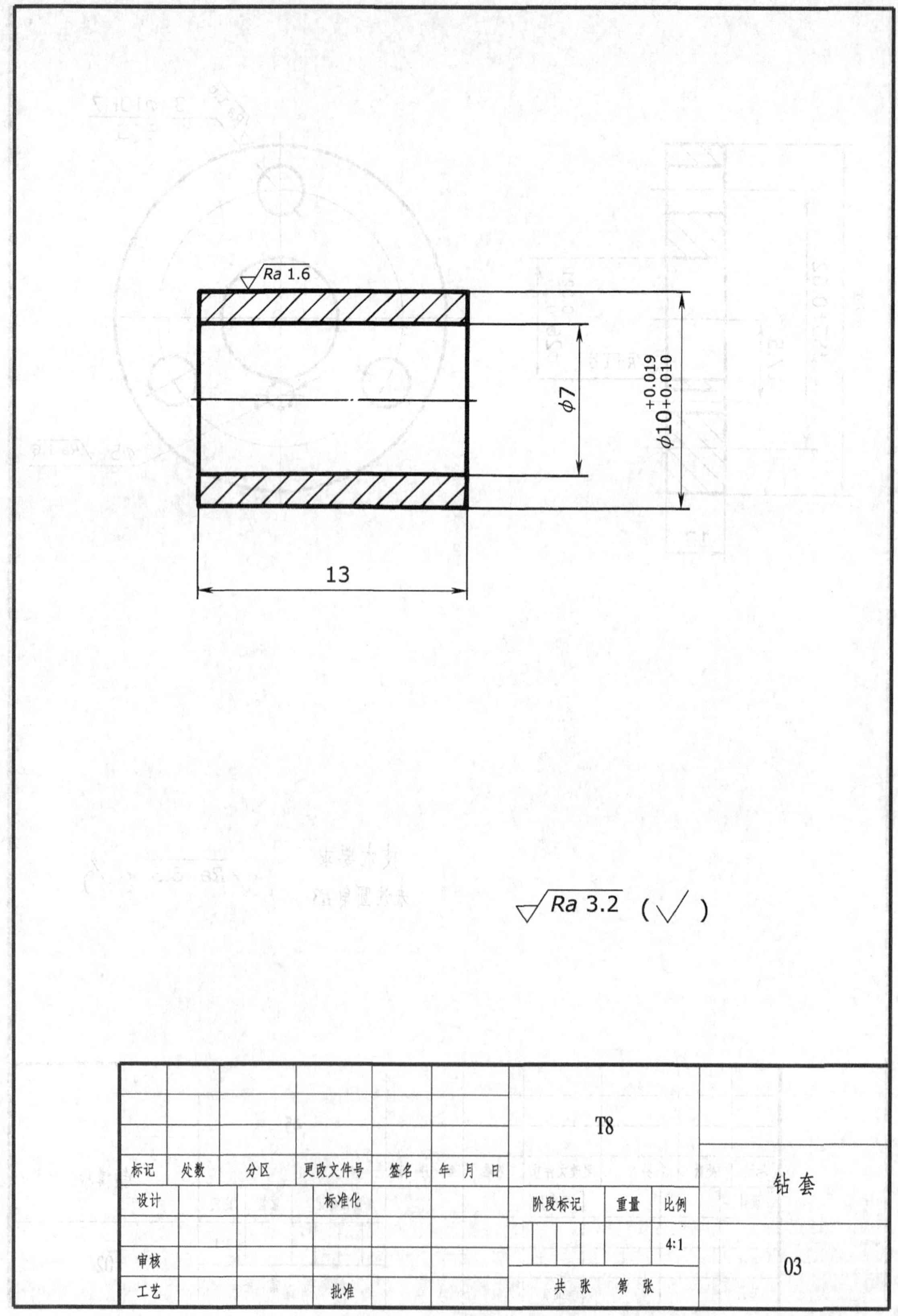

Ra 1.6
φ7
φ10 +0.019 +0.010
13
Ra 3.2 (√)
T8
标记 处数 分区 更改文件号 签名 年 月 日
设计 标准化
阶段标记 重量 比例
4:1
审核
工艺 批准
共 张 第 张
钻套
03

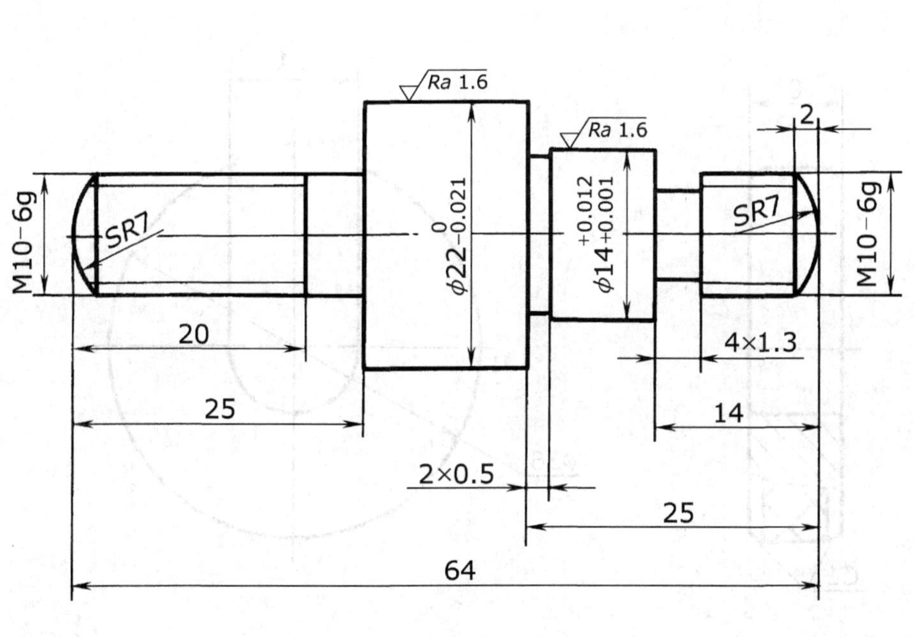

$\sqrt{Ra\ 6.3}$ (√)

						45			轴
标记	处数	分区	更改文件号	签名	年 月 日				
设计			标准化			阶段标记	重量	比例	
								2:1	04
审核									
工艺			批准			共 张 第 张			

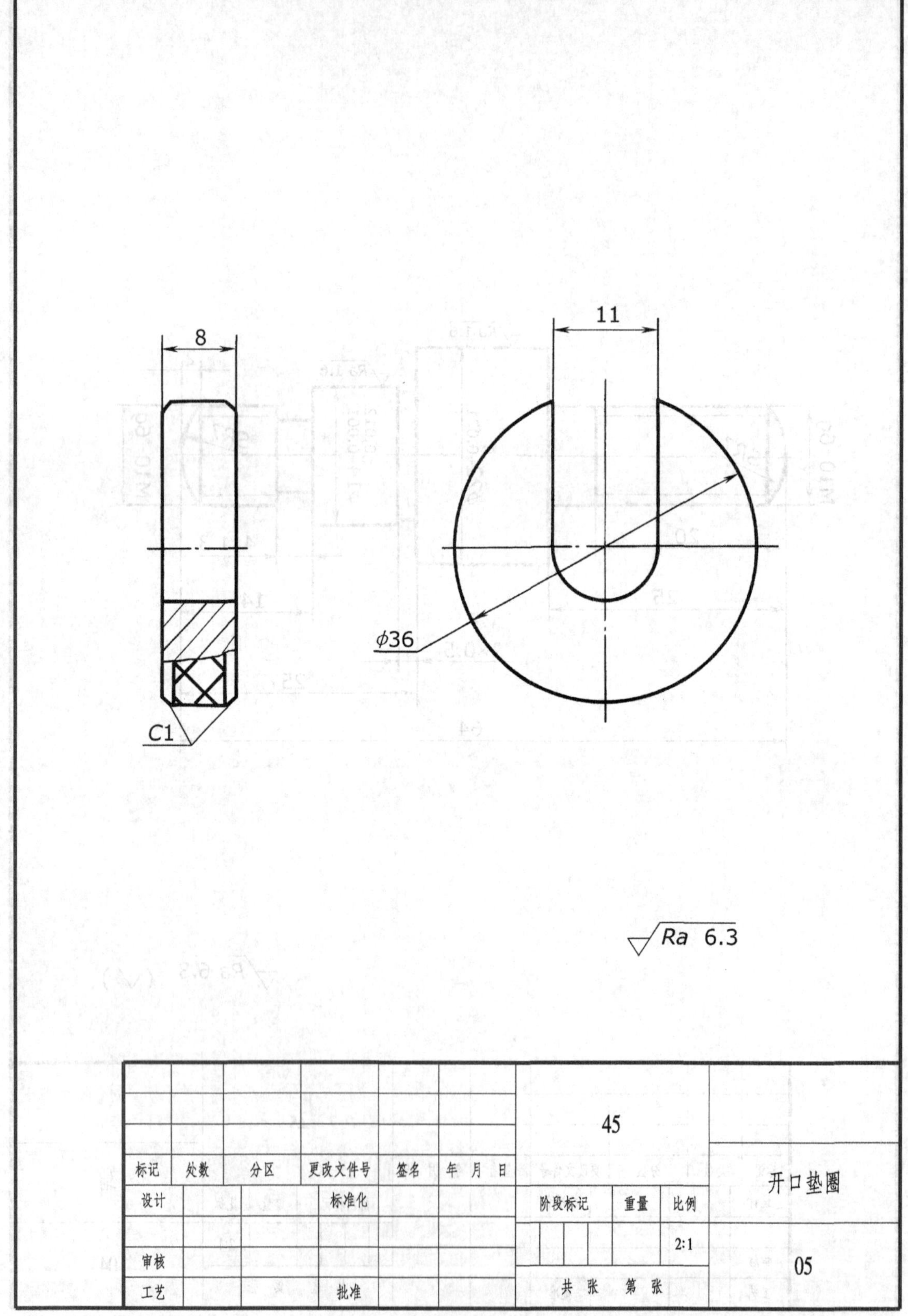
8
11
C1
ϕ36
Ra 6.3
标记
处数
分区
更改文件号
签名
年 月 日
设计
标准化
审核
工艺
批准
45
阶段标记
重量
比例
2:1
共 张 第 张
开口垫圈
05

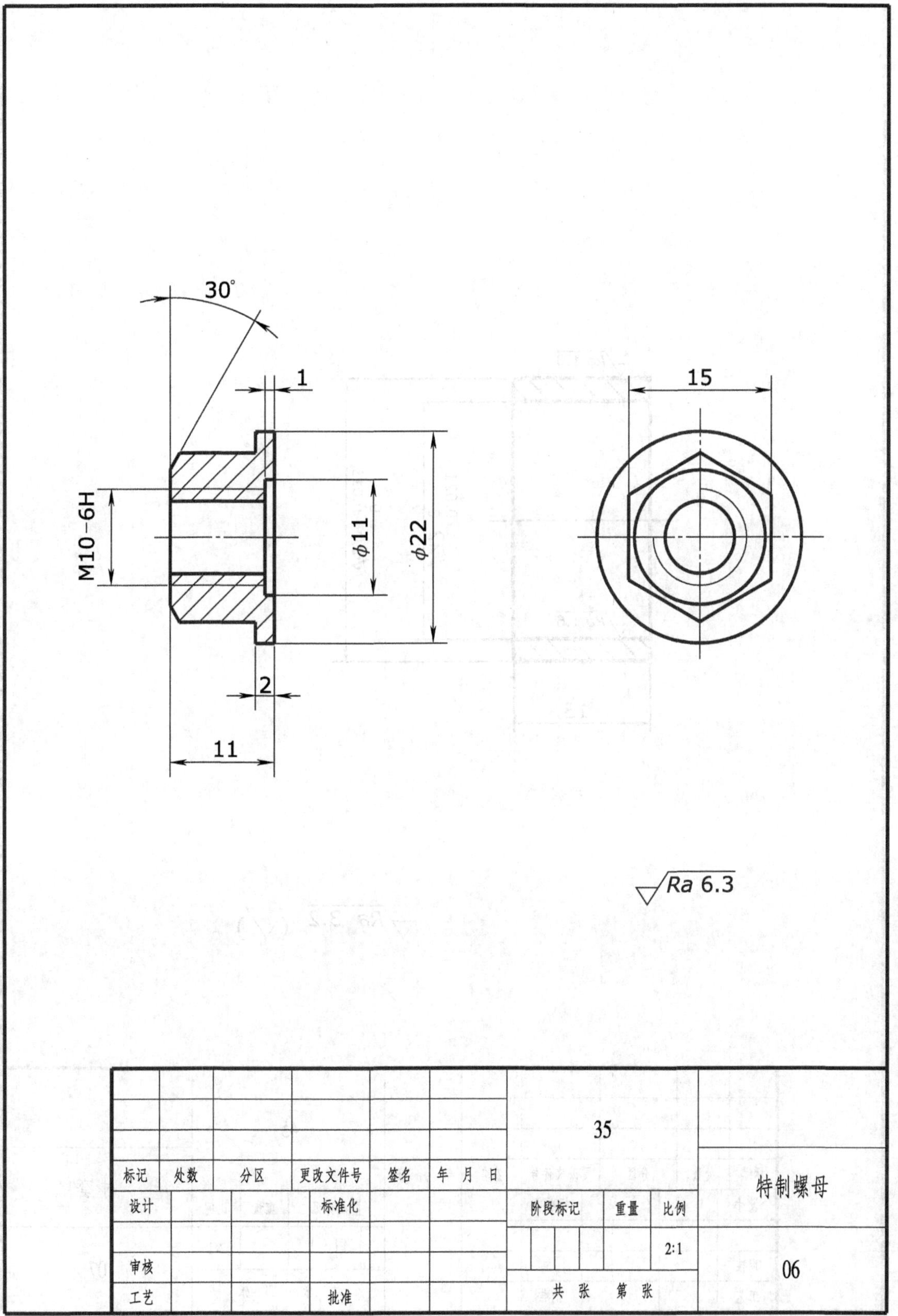

标记	处数	分区	更改文件号	签名	年 月 日	35	特制螺母
设计			标准化			阶段标记 重量 比例	
						2:1	
审核							06
工艺			批准			共 张 第 张	

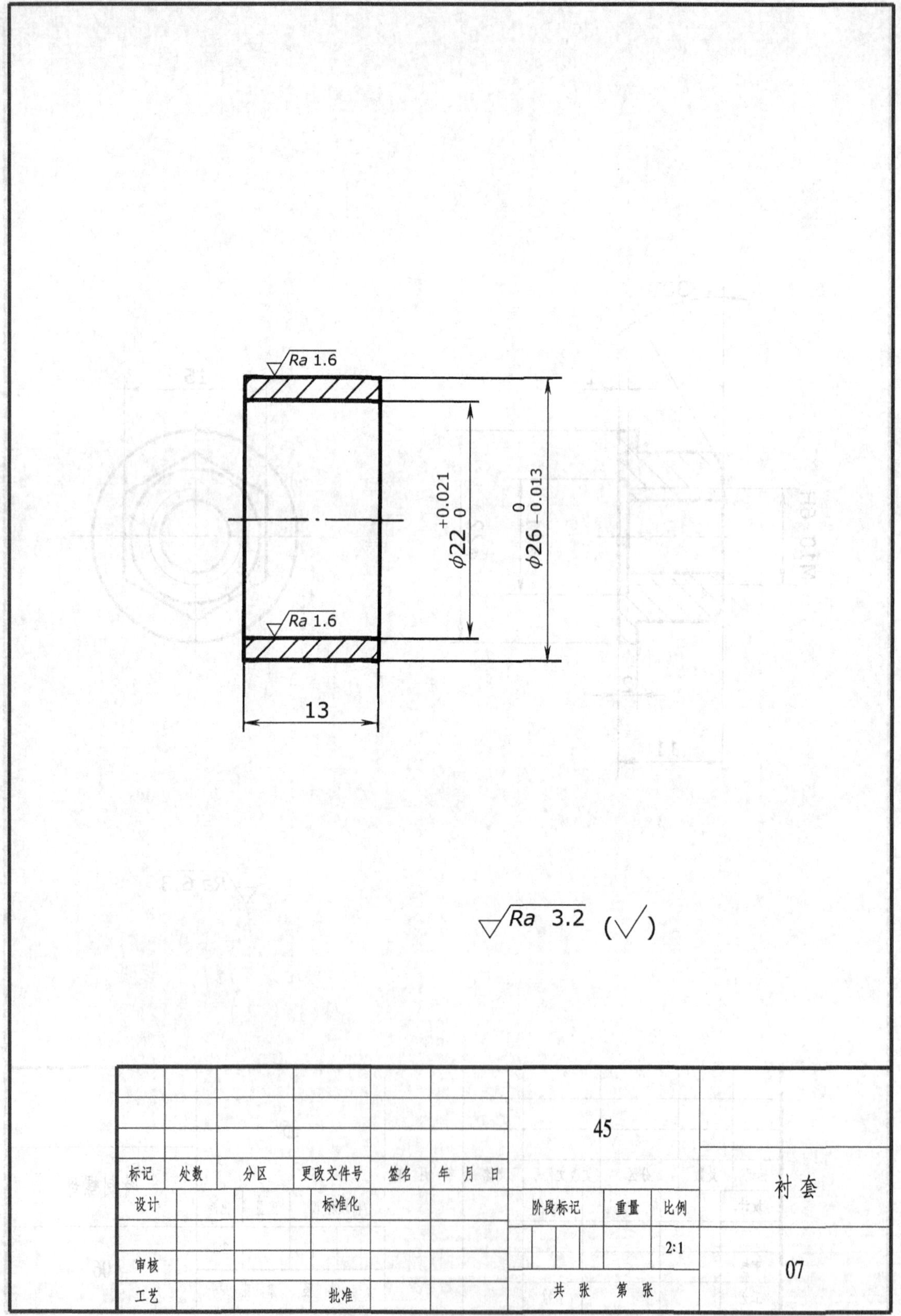

Ra 1.6
Ra 1.6
$\phi22^{+0.021}_{0}$
$\phi26^{0}_{-0.013}$
13
Ra 3.2 (√)
45
标记
处数
分区
更改文件号
签名
年 月 日
设计
标准化
阶段标记
重量
比例
2:1
审核
工艺
批准
共 张 第 张
衬套
07

实训五　绘制机用虎钳装配图

一、实训内容

绘制机用虎钳装配图。

二、实训目的

通过绘制机用虎钳装配图，进一步掌握绘制装配图的方法和步骤，掌握图形文件之间的调用和插入的方法。

三、实训步骤及要求

1）绘图前要看懂机用虎钳装配图。进入 AutoCAD，设置绘图环境。

2）先绘制机用虎钳的各零件图，并编号、存盘。

3）建新图，设置绘图环境（建图层、线型、线宽、颜色，设置文字样式、尺寸样式）。绘制图幅和边框，标题栏和明细栏。

4）布图。在点画线层定位。

5）按照绘制机用虎钳装配图的顺序逐一进行装配（利用绘制好的机用虎钳零件图在图形文件之间复制、插入逐一进行装配或在同一显示屏上绘制简单零件图的视图用旋转和移动命令进行装配）。注意各图形之间比例关系的统一。

6）对机用虎钳各零件图进行修改（判别可见性、剖面符号的正确处理等）。

7）很小的简单零件可直接在装配图中画出。

8）标注必要的尺寸。

9）编写零件序号，注写技术要求。

10）填写标题栏和明细栏。

11）机用虎钳装配图全部绘制完成后，赋名存盘，退出 AutoCAD。

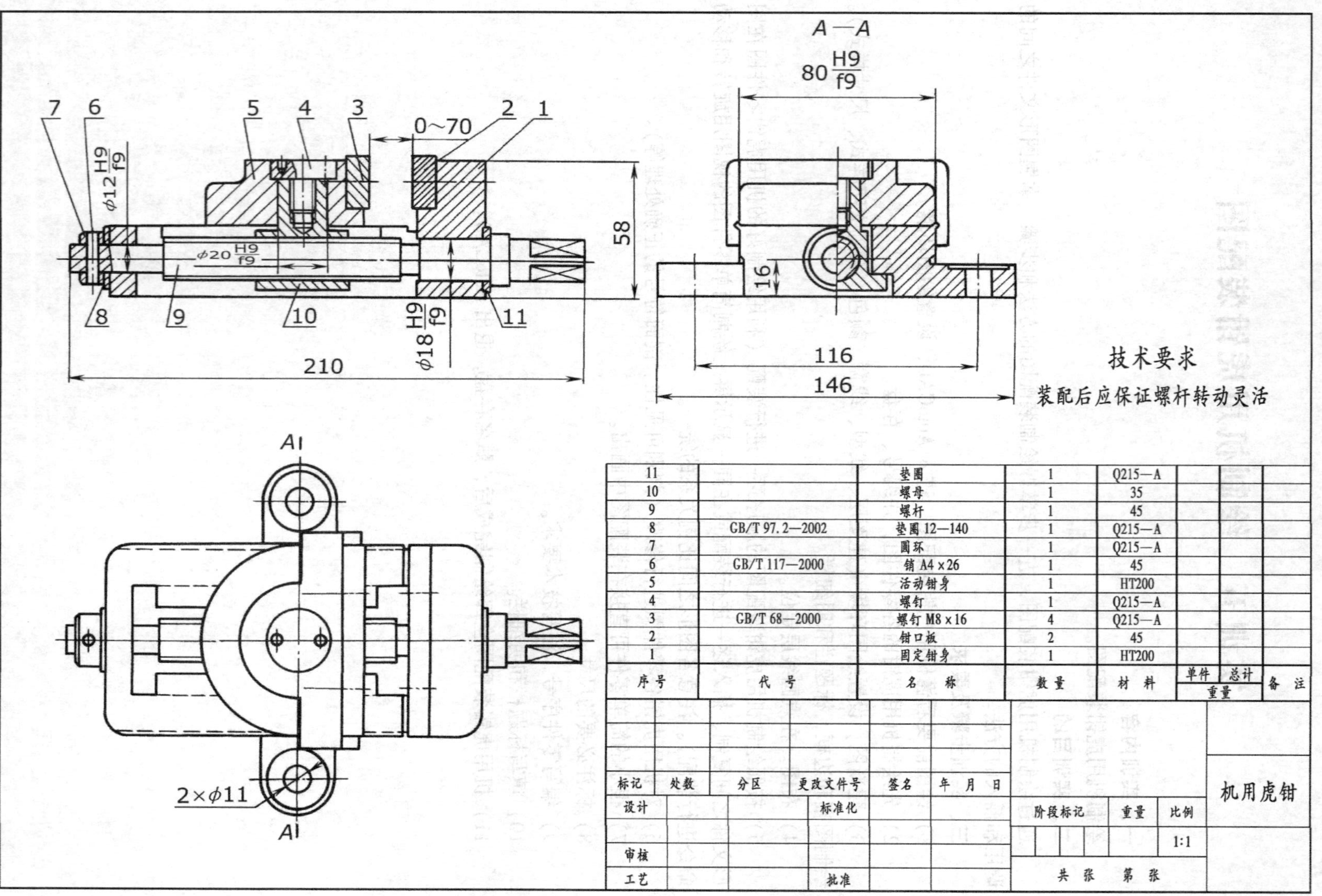

技术要求

装配后应保证螺杆转动灵活

序号	代号	名称	数量	材料	单件重量	总计重量	备注
11		垫圈	1	Q215—A			
10		螺母	1	35			
9		螺杆	1	45			
8	GB/T 97.2—2002	垫圈 12—140	1	Q215—A			
7		圆环	1	Q215—A			
6	GB/T 117—2000	销 A4×26	1	45			
5		活动钳身	1	HT200			
4		螺钉	1	Q215—A			
3	GB/T 68—2000	螺钉 M8×16	4	Q215—A			
2		钳口板	2	45			
1		固定钳身	1	HT200			

标记	处数	分区	更改文件号	签名	年 月 日	阶段标记	重量	比例	机用虎钳
设计			标准化					1:1	
审核						共 张 第 张			
工艺			批准						

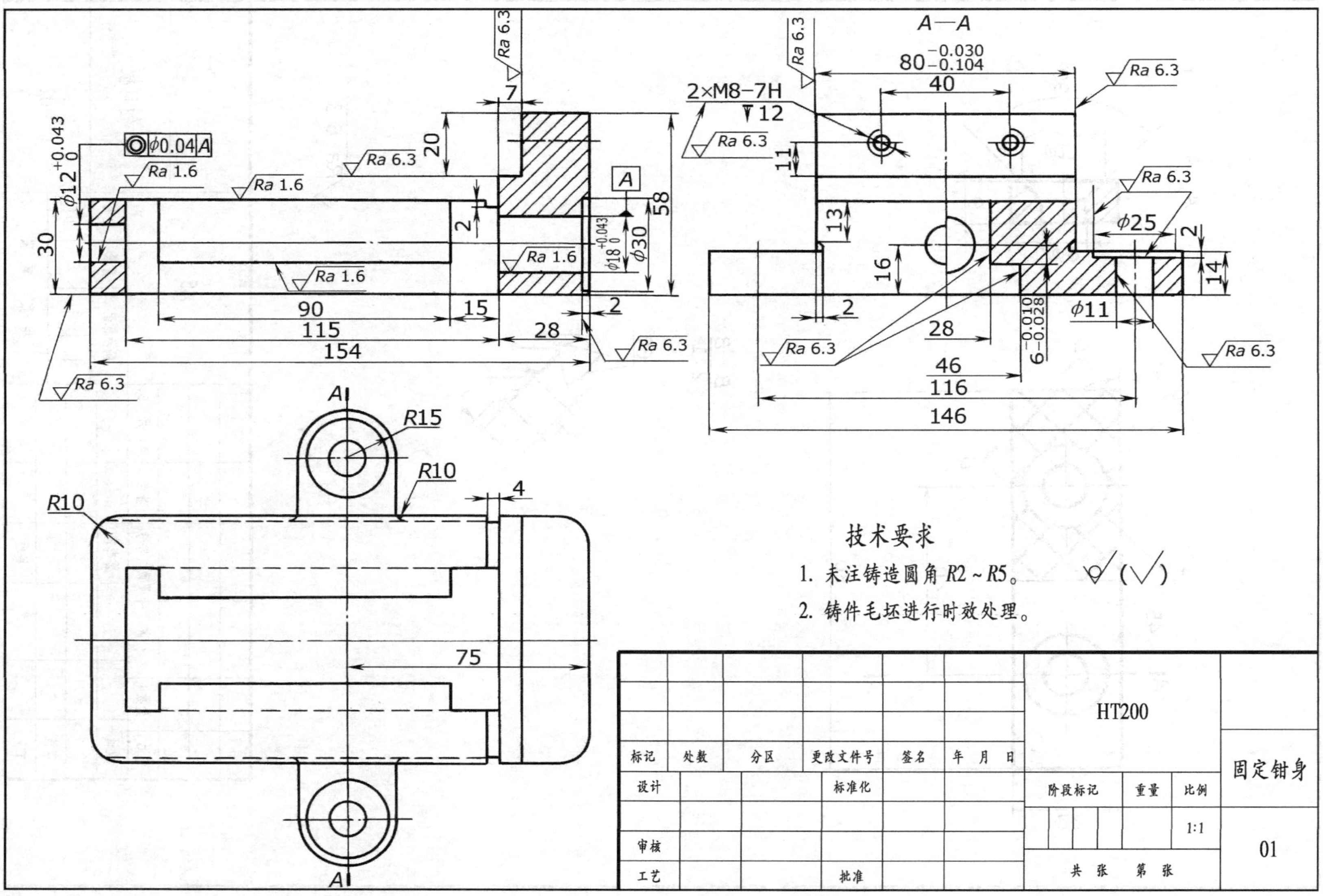
A—A
$80^{-0.030}_{-0.104}$
40
2×M8-7H
↧12
11
13
16
2
28
46
116
146
ϕ25
ϕ11
$6^{-0.010}_{-0.028}$
14
Ra 6.3
Ra 1.6
$\phi 12^{+0.043}_{0}$
ϕ0.04 A
$\phi 18^{+0.043}_{0}$
ϕ30
A
7
20
30
58
90
115
154
15
28
R15
R10
R10
4
75
A
技术要求
1. 未注铸造圆角R2~R5。
2. 铸件毛坯进行时效处理。
(√)
HT200
固定钳身
01
标记 处数 分区 更改文件号 签名 年 月 日
设计 标准化
审核
工艺 批准
阶段标记 重量 比例
1:1
共 张 第 张

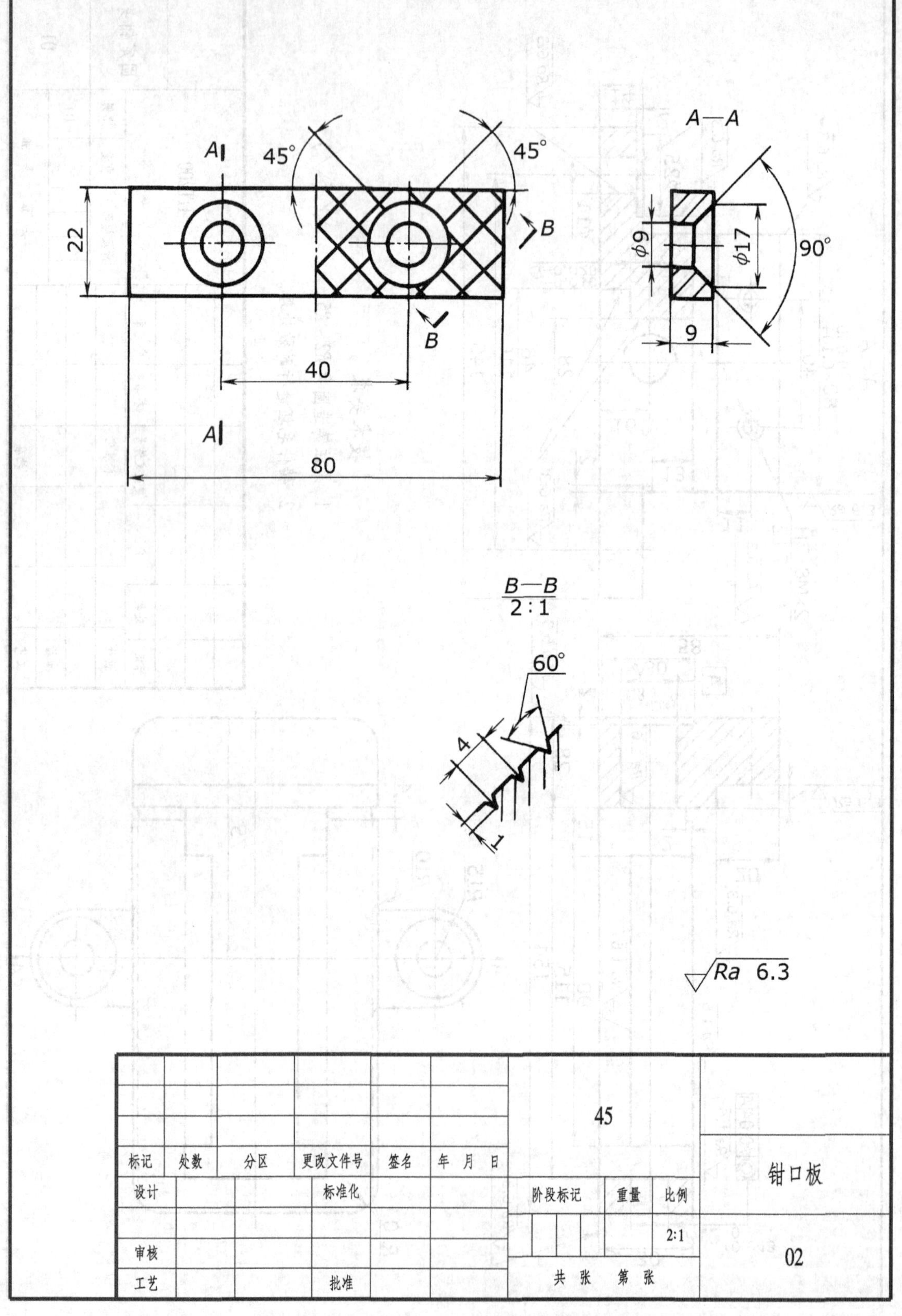

A
45°
45°
22
B
40
80
A—A
ϕ9
ϕ17
90°
9
B—B
2:1
60°
4
1
Ra 6.3
45
标记 处数 分区 更改文件号 签名 年 月 日
设计 标准化
阶段标记 重量 比例
2:1
审核
工艺 批准
共 张 第 张
钳口板
02

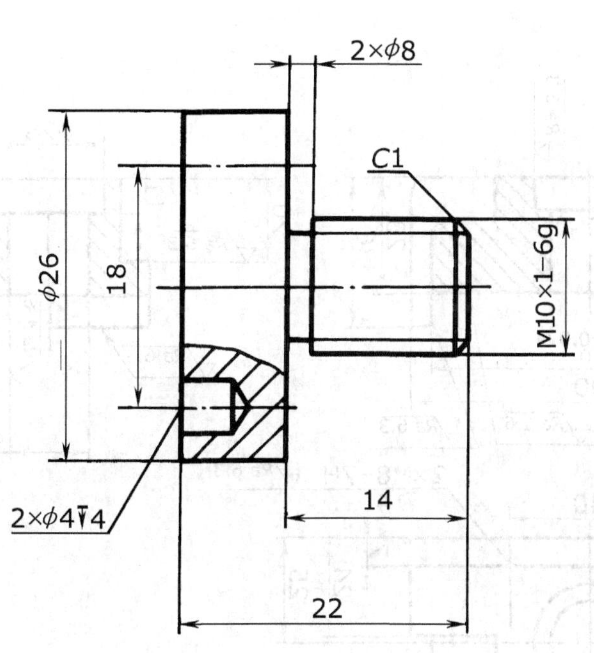

Ra 6.3

						Q215—A	螺钉
标记	处数	分区	更改文件号	签名	年 月 日		
设计			标准化			阶段标记 重量 比例	
						2:1	04
审核							
工艺			批准			共 张 第 张	

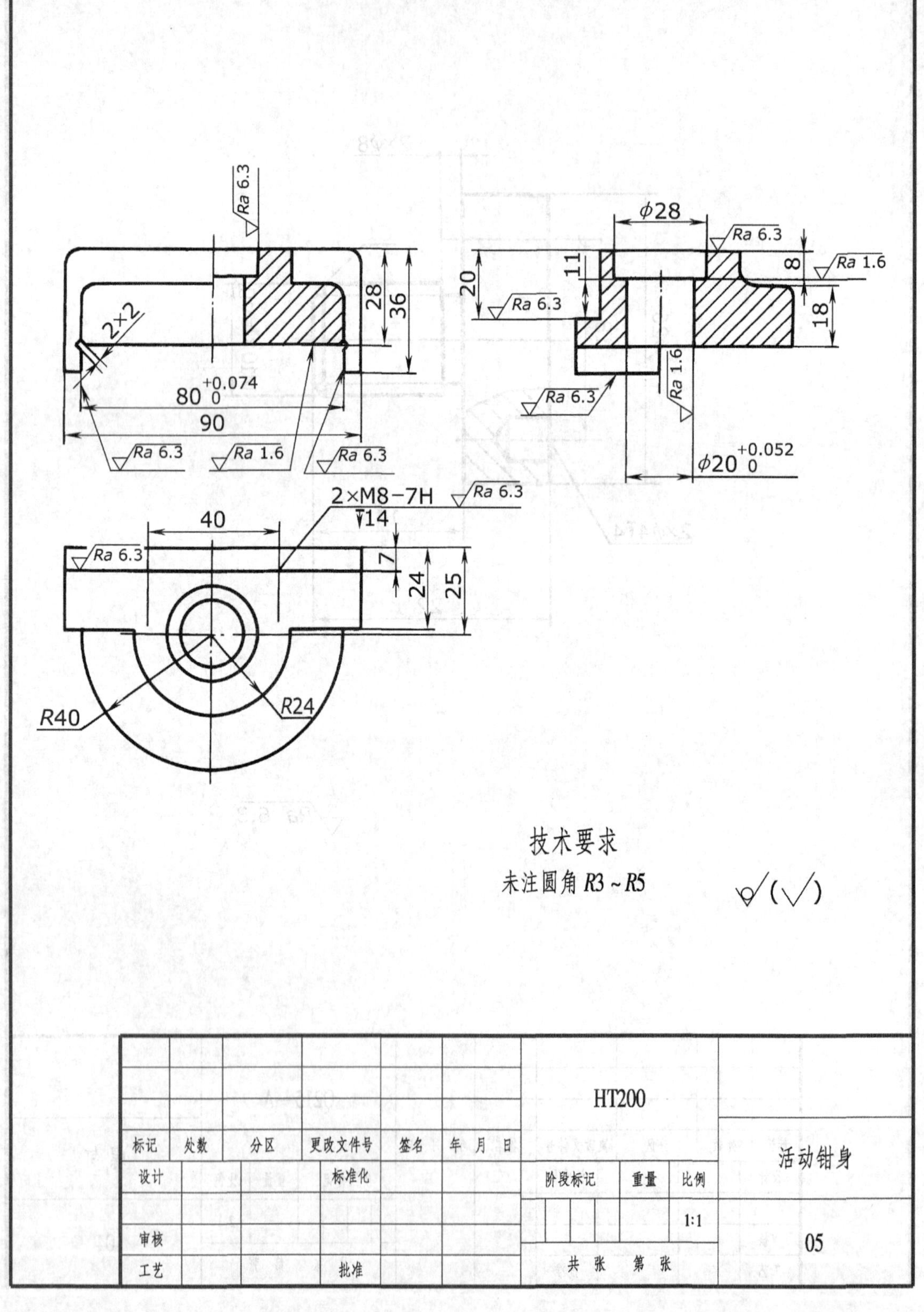

						HT200			
标记	处数	分区	更改文件号	签名	年 月 日				活动钳身
设计			标准化			阶段标记	重量	比例	
								1:1	
审核									05
工艺			批准			共 张 第 张			

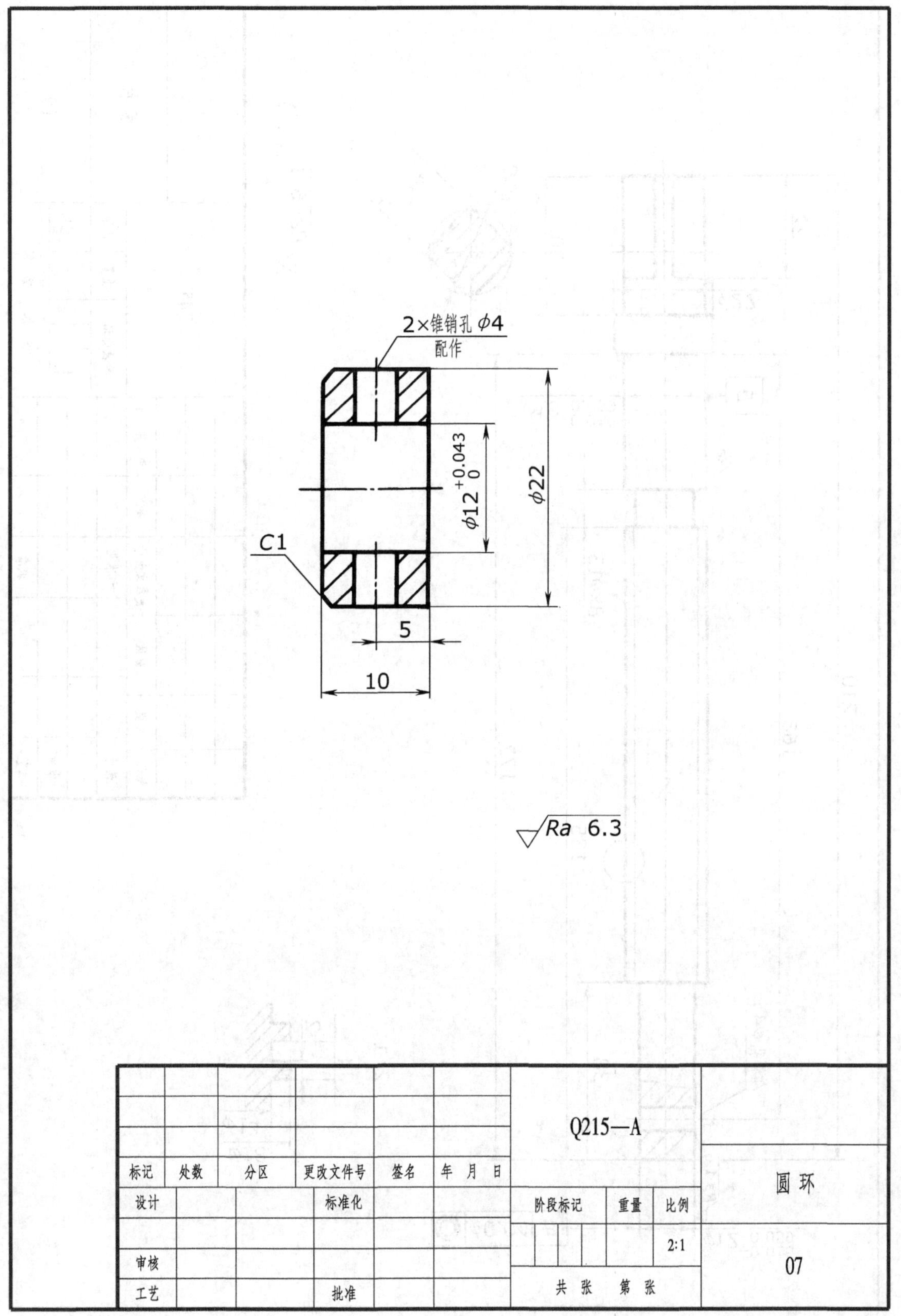

						Q215—A			
标记	处数	分区	更改文件号	签名	年 月 日				圆环
设计			标准化			阶段标记	重量	比例	
								2:1	
审核									07
工艺			批准			共 张 第 张			

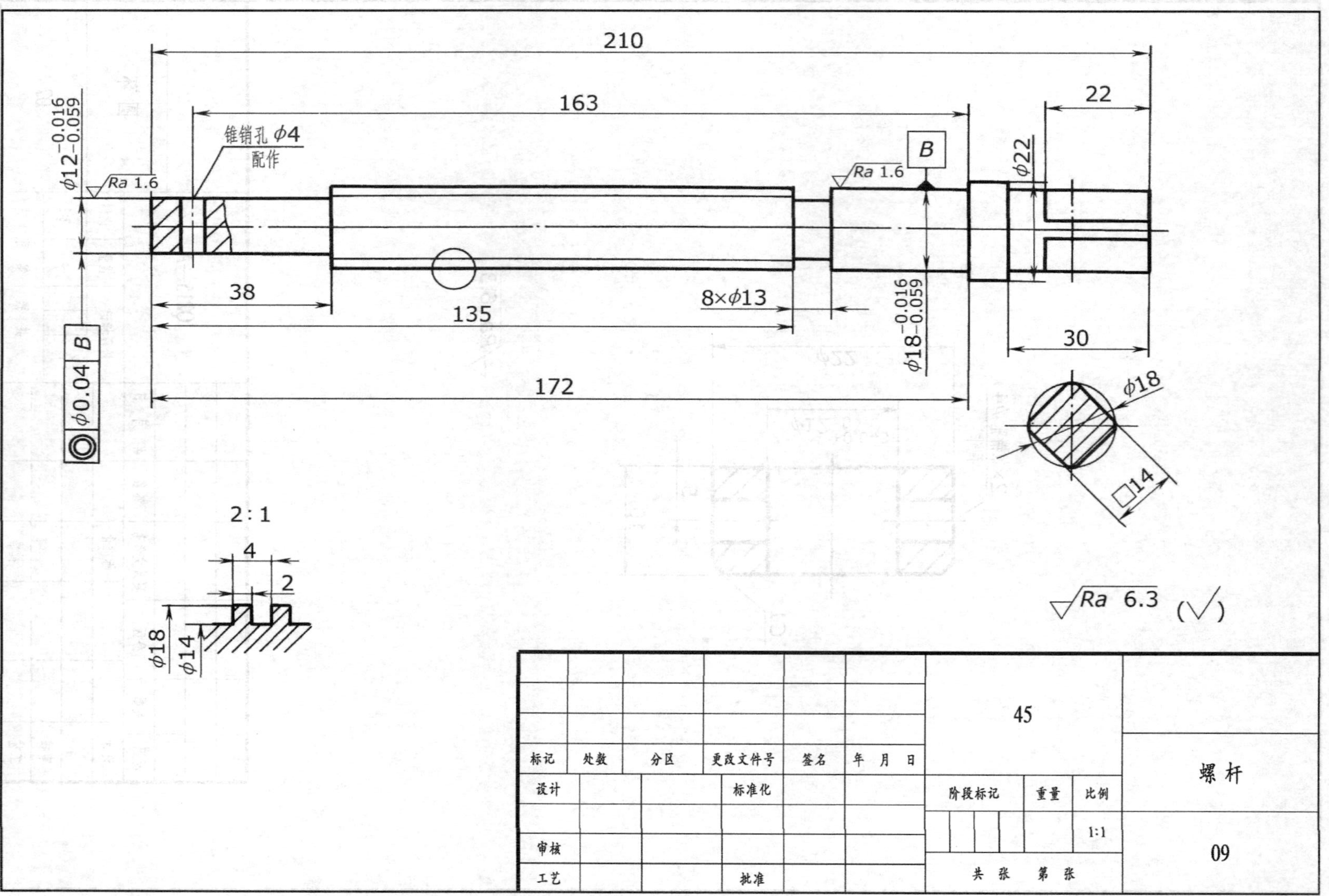
210
163
22
锥销孔 φ4
配作
φ12−0.016 −0.059
Ra 1.6
Ra 1.6
B
φ22
38
135
8×φ13
φ18−0.016 −0.059
30
172
φ0.04 B
φ18
□14
2:1
4
2
φ18
φ14
Ra 6.3 (√)
45
螺杆
09
标记 处数 分区 更改文件号 签名 年 月 日
设计 标准化
阶段标记 重量 比例
1:1
审核
工艺 批准
共 张 第 张

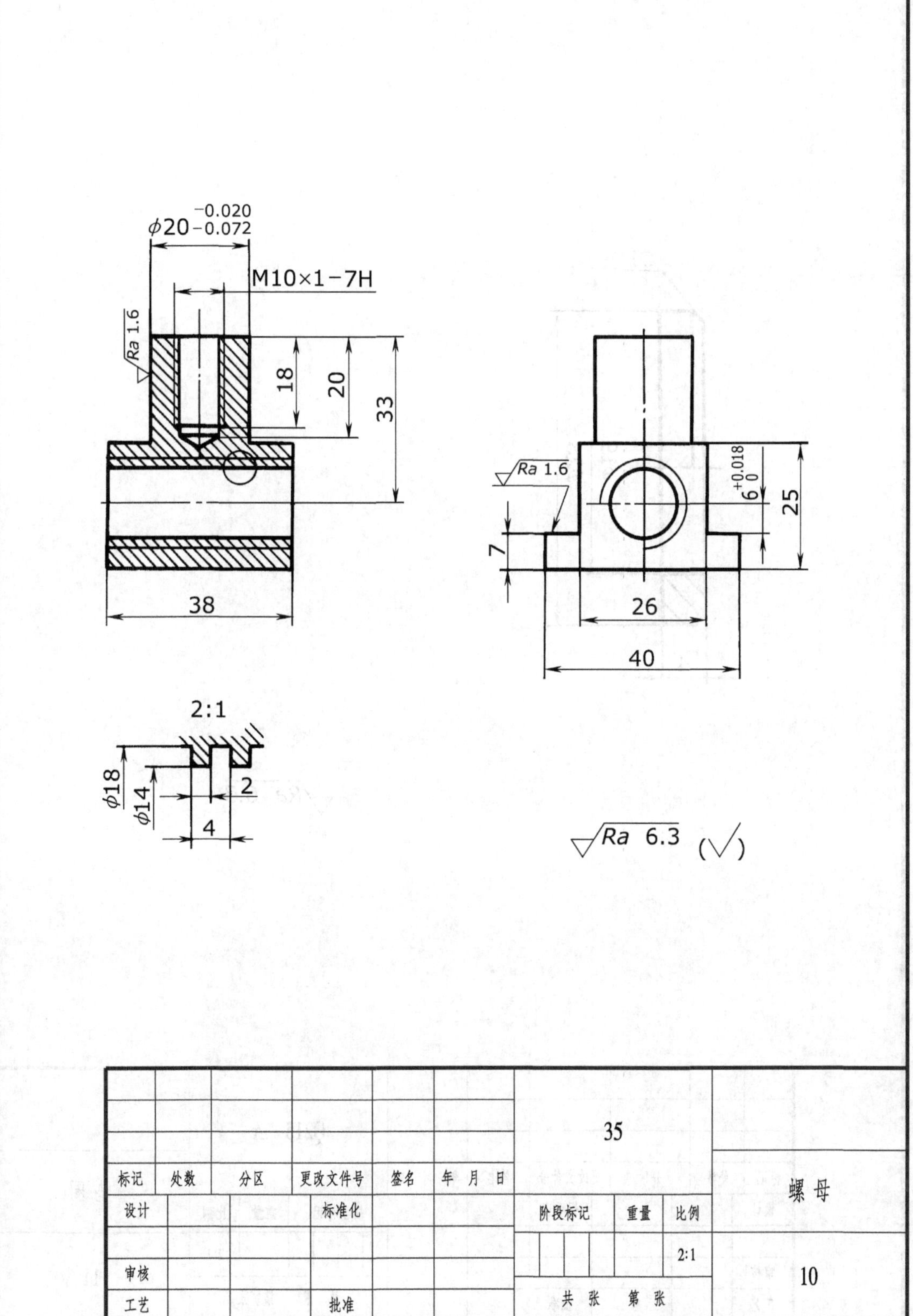

φ20 −0.020 −0.072
M10×1−7H
Ra 1.6
18
20
33
38
Ra 1.6
6 +0.018 0
25
7
26
40
2:1
φ18
φ14
2
4
Ra 6.3 (√)
35
标记
处数
分区
更改文件号
签名
年 月 日
设计
标准化
阶段标记
重量
比例
2:1
审核
工艺
批准
共 张 第 张
螺 母
10

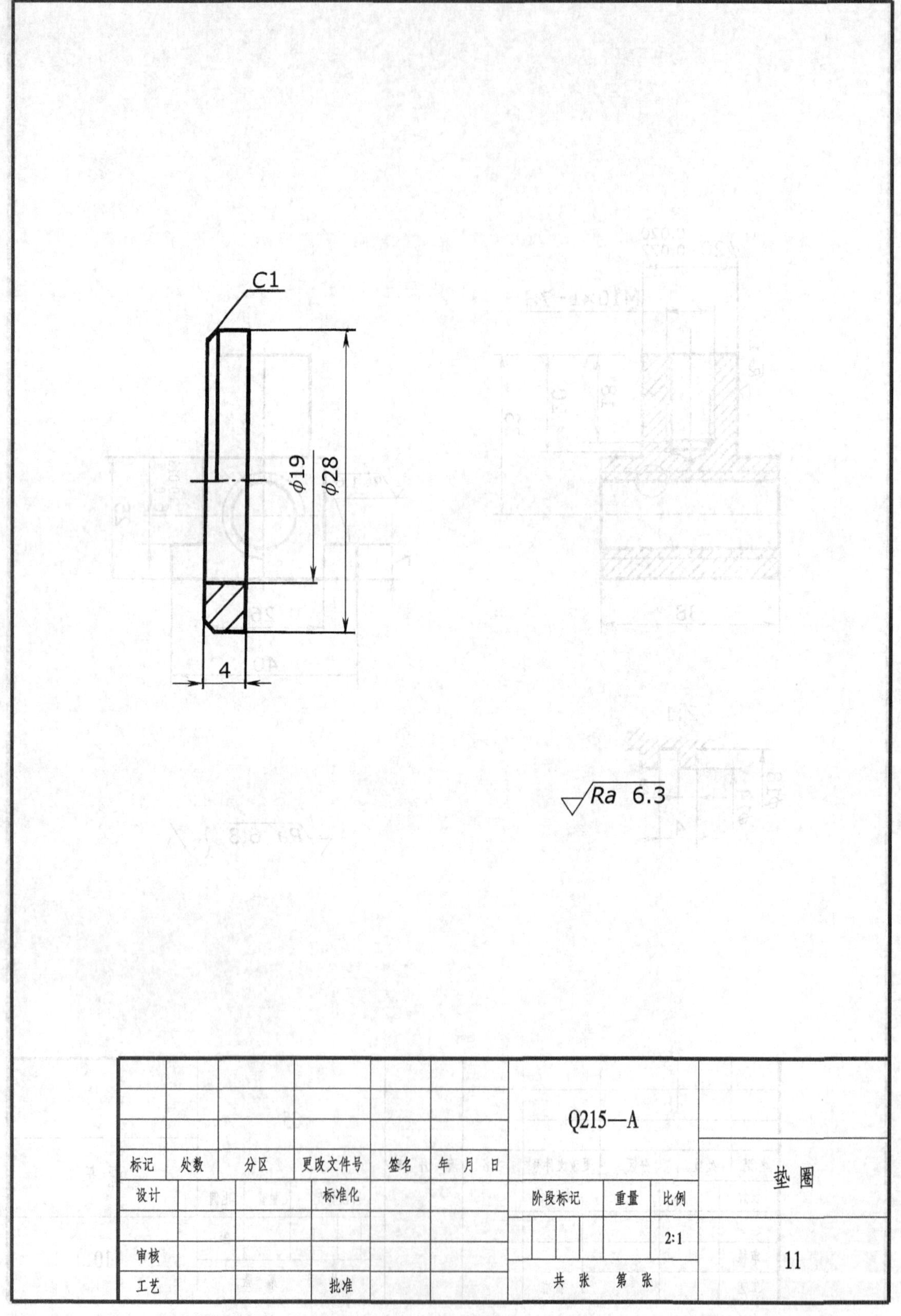

C1
ϕ19
ϕ28
4
Ra 6.3
Q215—A
标记
处数
分区
更改文件号
签名
年 月 日
设计
标准化
阶段标记
重量
比例
2:1
审核
工艺
批准
共 张 第 张
垫圈
11

实训六　绘制变电站施工图

一、实训内容

绘制变电站施工图。

二、实训目的

通过绘制变电站施工图，熟悉建筑施工图的绘制方法，进一步掌握 AutoCAD 绘图的方法及技巧。练习图块的属性定义、创建块和插入块的方法，总结出绘制建筑图的特点，为今后绘制建筑图打下基础。

三、实训步骤及要求

1）看懂变电站施工图，注意各视图之间的尺寸关系。几个视图应联系起来，读懂整套图样后，再开始绘图。进入 AutoCAD，设置绘图环境。

2）绘制变电站的平面图（设置图形界限为：21000mm × 29700mm；绘制图幅线 21000mm ×29700mm；绘制边框线 20000mm ×28700mm；标题栏 5600mm ×18000mm）。

3）建新图，设置绘图环境。根据平面图的尺寸绘制①～③立面图，并赋名存盘。

4）建新图，设置绘图环境。绘制 1—1 剖面图，并赋名存盘。

5）建新图，设置绘图环境。绘制Ⓒ～Ⓐ立面图，并赋名存盘。

6）建新图，设置绘图环境。绘制Ⓐ～Ⓒ立面图，并赋名存盘。

7）退出 AutoCAD。

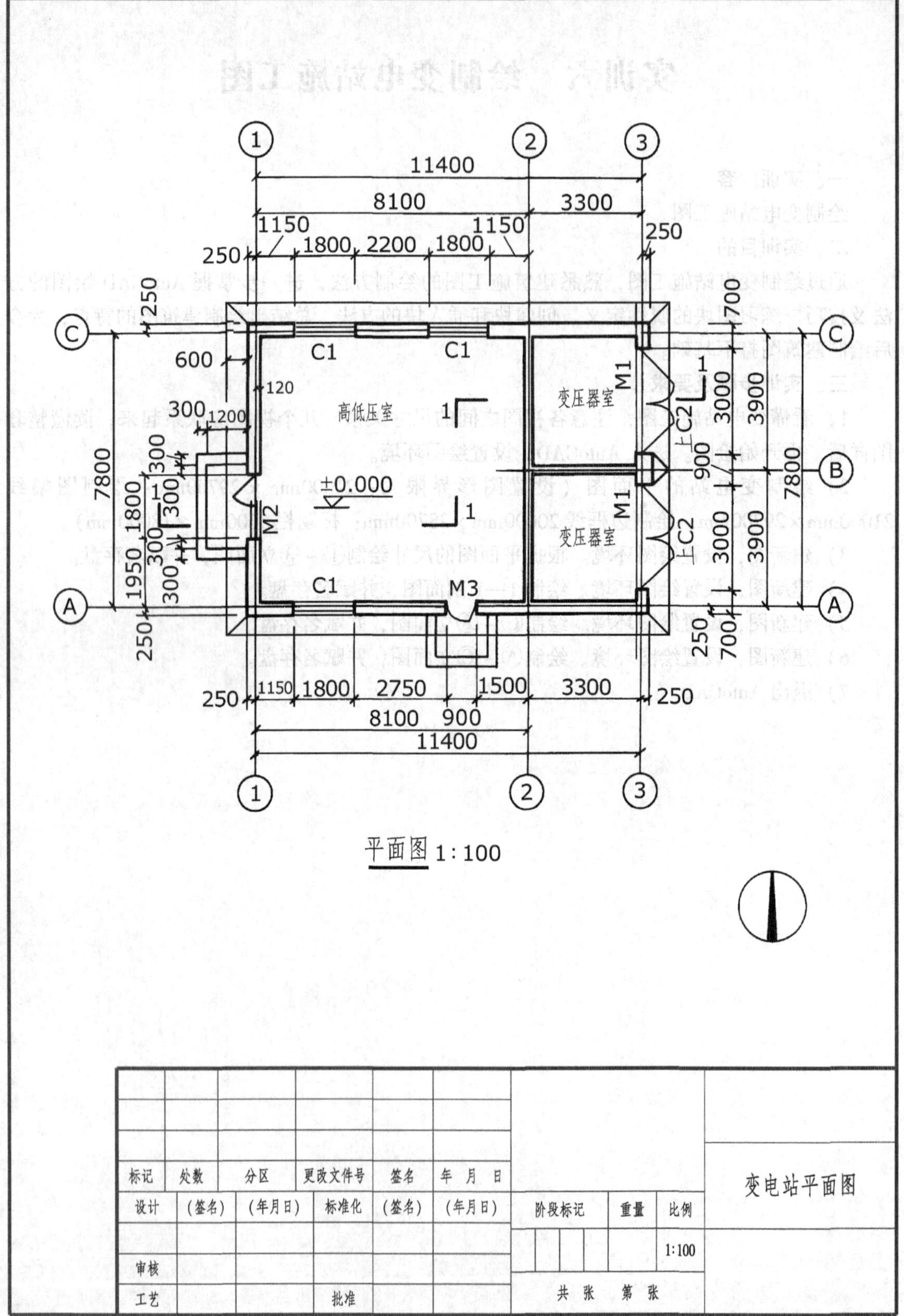

11400
8100
3300
1150
1800
2200
1800
1150
250
250
700
C1
C1
M1
600
120
高低压室
变压器室
300
1200
3000
3900
7800
C2
900
±0.000
M2
1800
1950
M1
变压器室
C2
3000
3900
C1
M3
250
700
1150
1800
2750
1500
3300
250
8100
900
11400
平面图 1:100
标记
处数
分区
更改文件号
签名
年 月 日
设计
(签名)
(年月日)
标准化
(签名)
(年月日)
阶段标记
重量
比例
1:100
审核
工艺
批准
共 张 第 张
变电站平面图

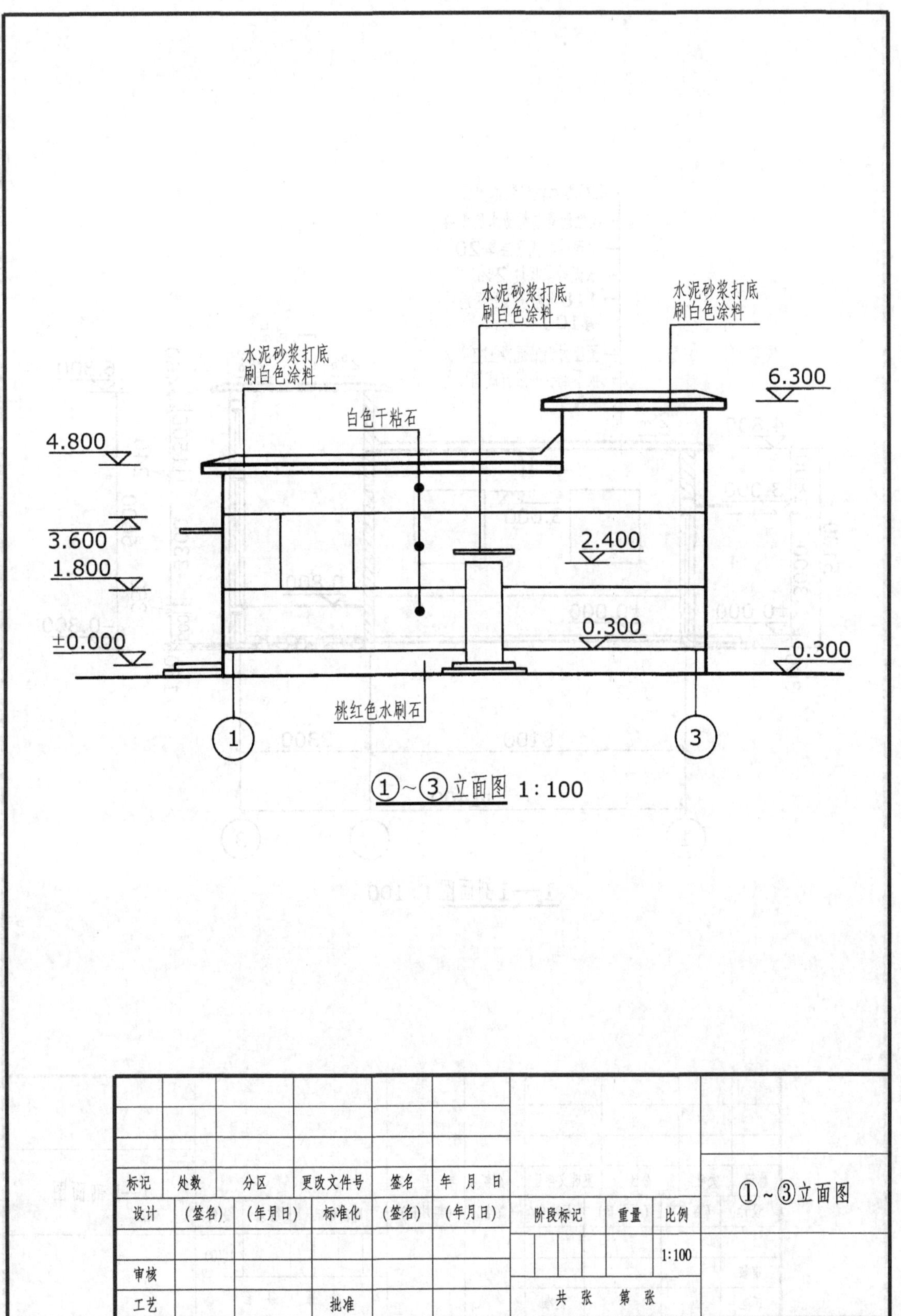
水泥砂浆打底
刷白色涂料
白色干粘石
水泥砂浆打底
刷白色涂料
水泥砂浆打底
刷白色涂料
6.300
4.800
3.600
1.800
±0.000
2.400
0.300
-0.300
桃红色水刷石
1
3
①~③立面图 1:100
标记
处数
分区
更改文件号
签名
年 月 日
设计
(签名)
(年月日)
标准化
(签名)
(年月日)
阶段标记
重量
比例
1:100
审核
工艺
批准
共 张 第 张
①~③立面图

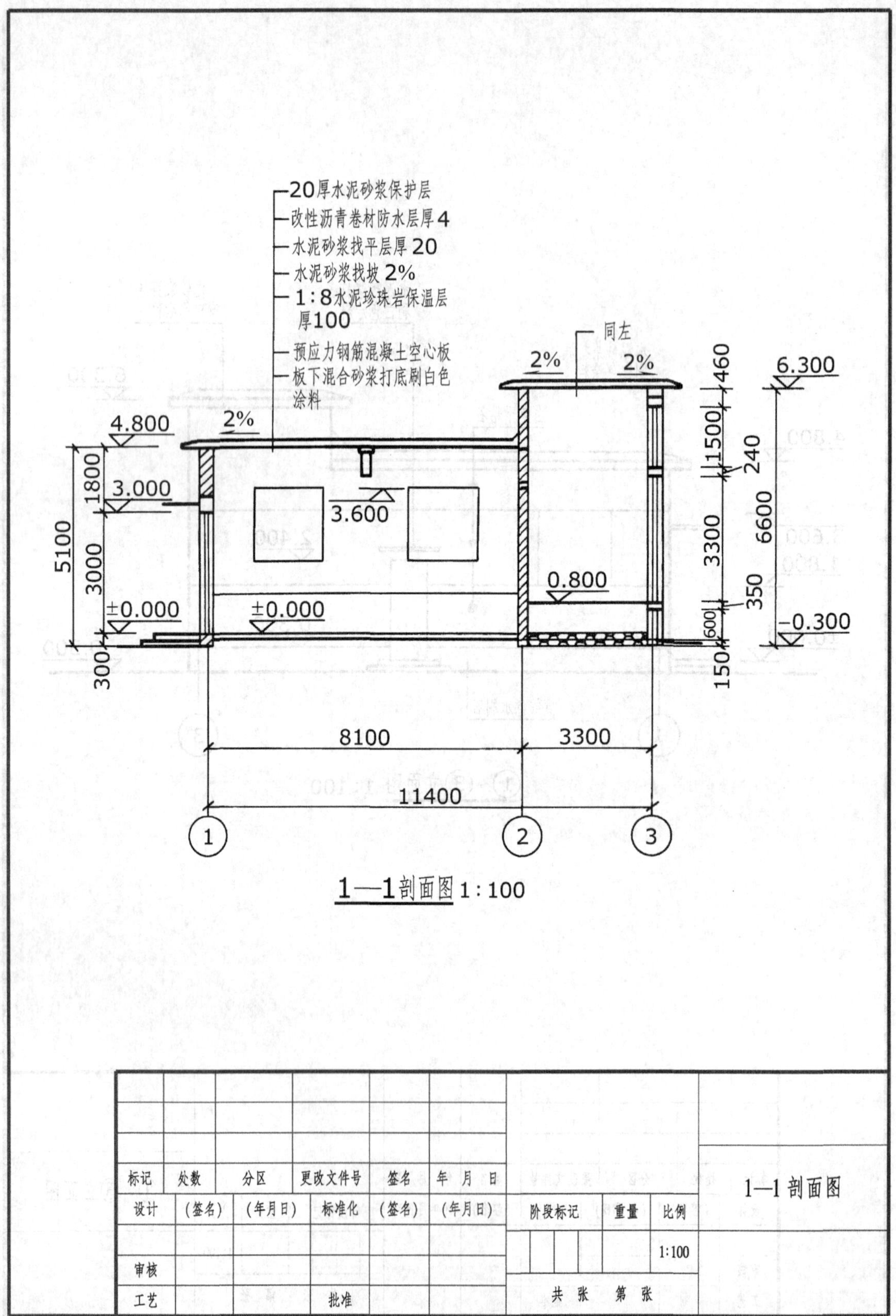

1—1剖面图 1:100

标记	处数	分区	更改文件号	签名	年 月 日			
设计	(签名)	(年月日)	标准化	(签名)	(年月日)	阶段标记	重量	比例
								1:100
审核								
工艺			批准			共 张 第 张		

1—1剖面图

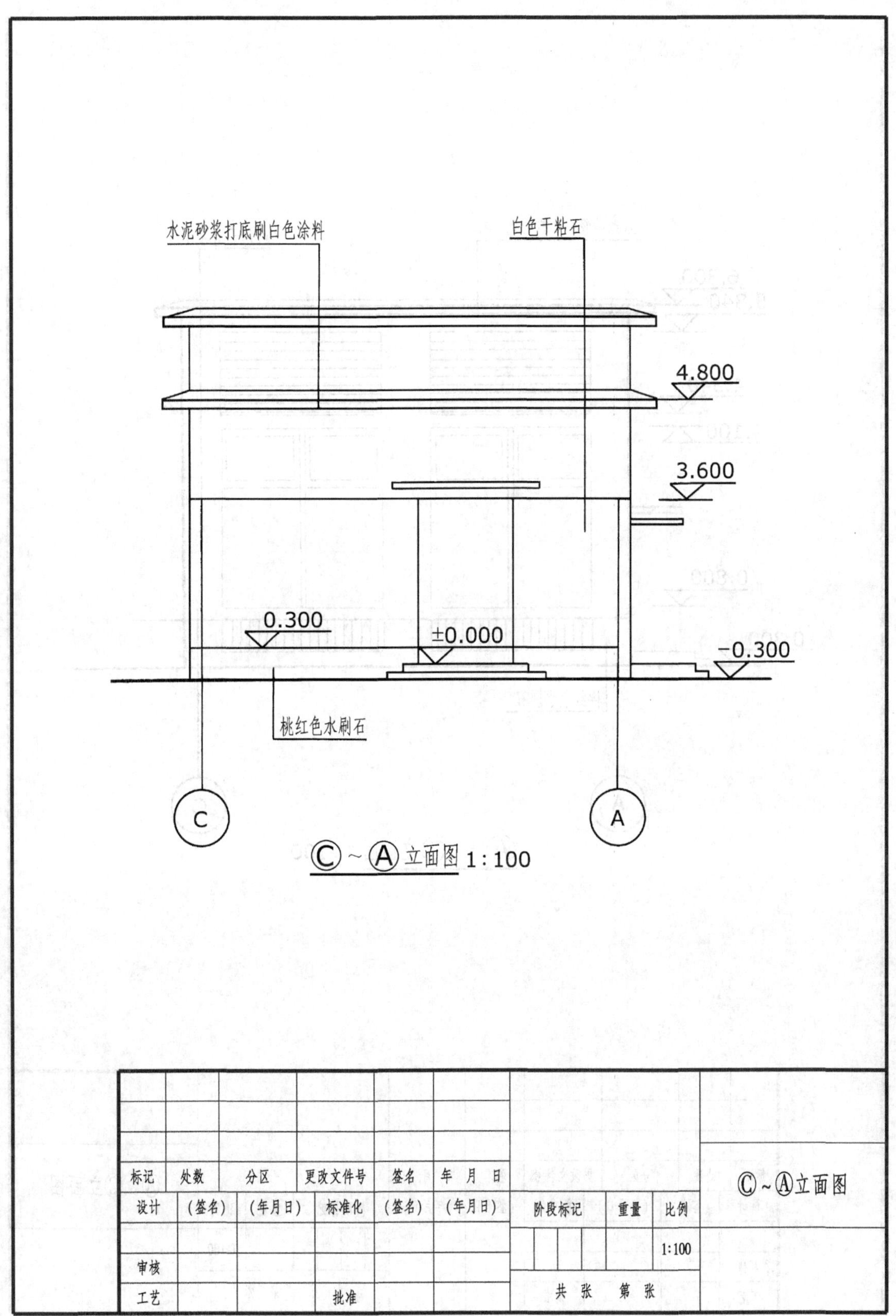

水泥砂浆打底刷白色涂料
白色干粘石
4.800
3.600
0.300
±0.000
−0.300
桃红色水刷石
C
A
Ⓒ～Ⓐ立面图 1:100
标记
处数
分区
更改文件号
签名
年 月 日
设计
(签名)
(年月日)
标准化
(签名)
(年月日)
阶段标记
重量
比例
1:100
审核
工艺
批准
共 张 第 张
Ⓒ～Ⓐ立面图

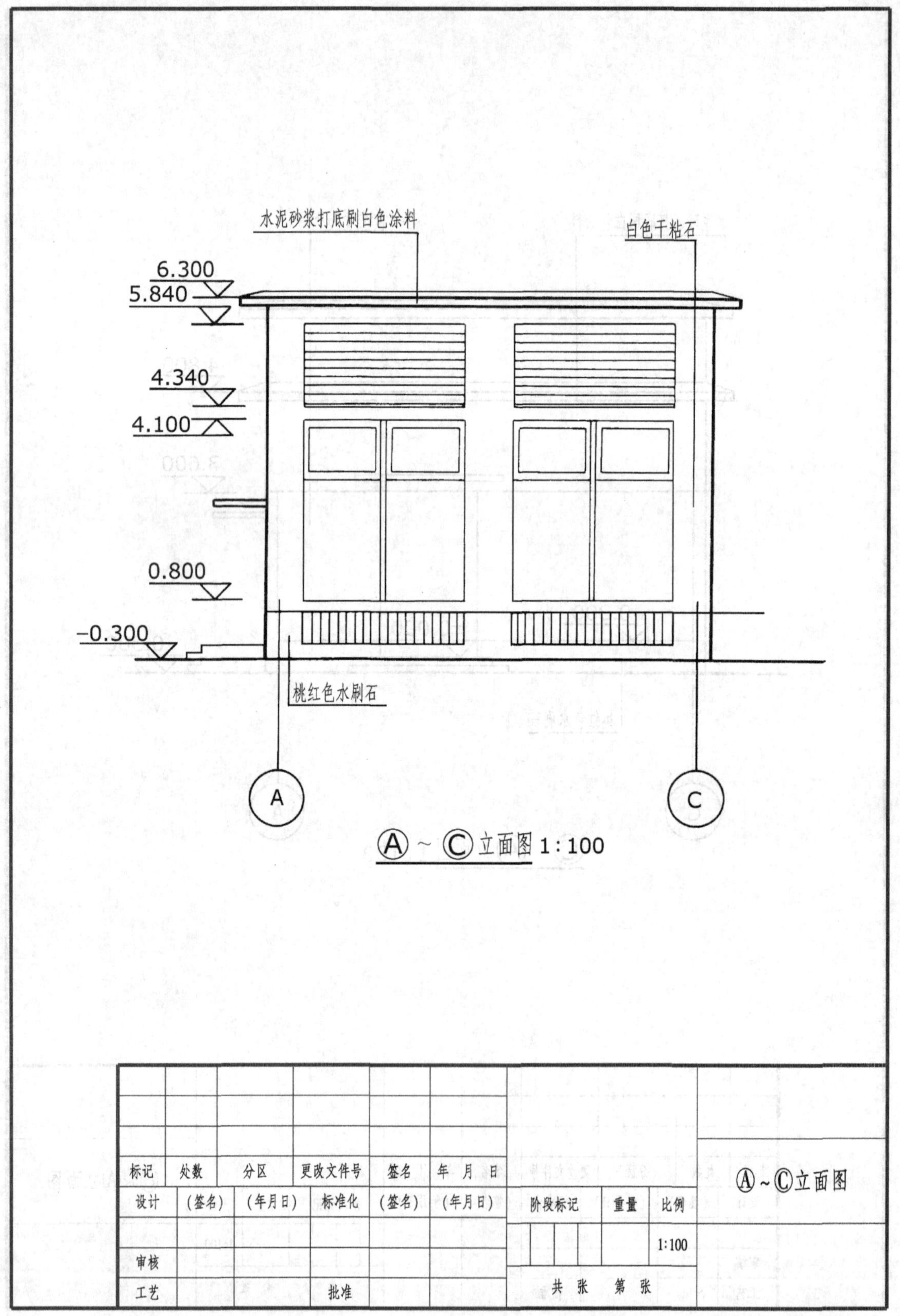
水泥砂浆打底刷白色涂料
白色干粘石
6.300
5.840
4.340
4.100
0.800
−0.300
桃红色水刷石
A
C
Ⓐ～Ⓒ立面图 1:100
标记
处数
分区
更改文件号
签名
年 月 日
设计
(签名)
(年月日)
标准化
(签名)
(年月日)
阶段标记
重量
比例
1:100
审核
工艺
批准
共 张 第 张
Ⓐ～Ⓒ立面图

附　　录

（单位：mm）

幅面代号	A0	A1	A2	A3	A4
$B\times L$	841×1189	594×841	420×594	297×420	210×297
e	20		10		
c	10			5	
a	25				

附图 1　图纸幅面

附图 2　标题栏

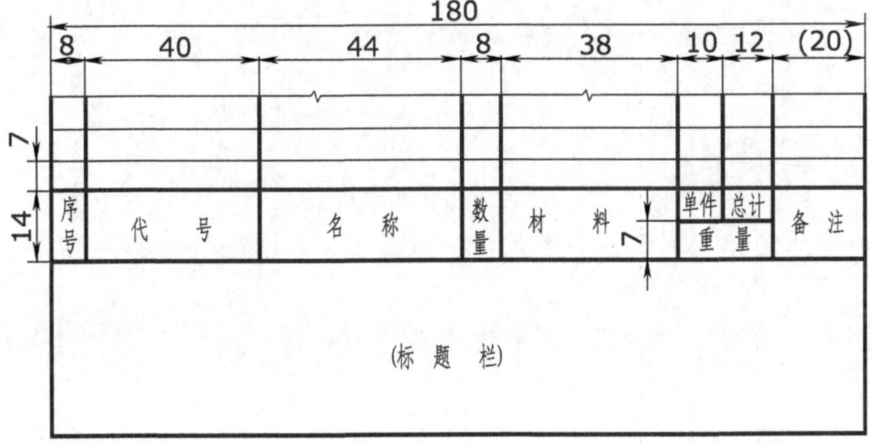

附图 3　明细栏

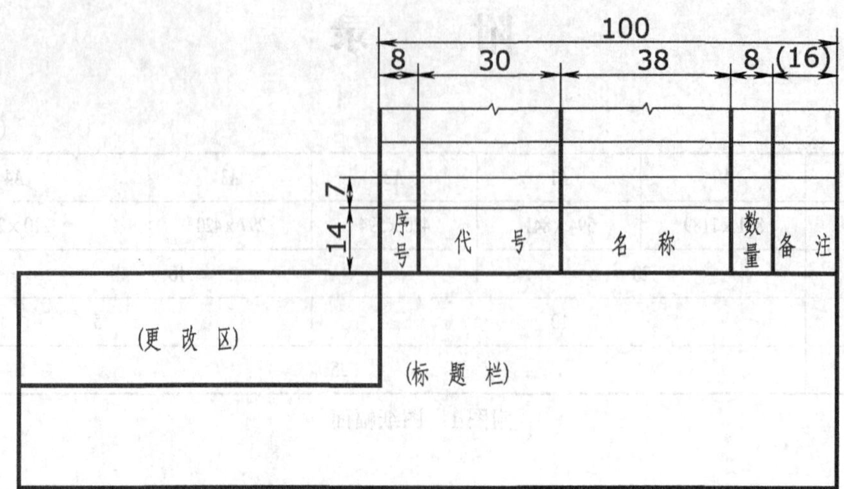

附图 3　明细栏（续）

参 考 文 献

[1] 赵国增. 计算机辅助绘图与设计——AutoCAD2000［M］. 北京：机械工业出版社，2002.

[2] 赵国增. 计算机辅助绘图与设计——AutoCAD2000 上机指导［M］. 2 版. 北京：机械工业出版社，2002.

[3] 宋宪一. 计算机辅助工程绘图［M］. 北京：机械工业出版社，2002.

[4] 郭启全. AutoCAD 2002 基础教程［M］. 北京：北京理工大学出版社，2002.

[5] 钱可强. 机械制图［M］. 北京：化学工业出版社，2001.

[6] 胡建生. 工程制图［M］. 北京：化学工业出版社，2001.

[7] 何铭新. 画儿及土木工程制图［M］. 武汉：武汉理工大学出版社，2000.

[8] 苑国强. 等. 制图员考试鉴定辅导［M］. 北京：航空工业出版社，2003.

[9] 王成刚. 工程图学简明教程［M］. 武汉：武汉理工大学出版社，2002.

[10] 郑萍. 现代电气控制技术［M］. 重庆：重庆大学出版社，2001.